Globotomía

Edición exclusiva impresa bajo demanda por CreateSpace, Charleston SC.

EDICIONES PUNTOCERO
Venezuela: Apartado postal 50.304. Caracas 1050, Venezuela
Telf.: [+58-2] 762.30.36 / Fax: [+58-2] 762.02.10
e-mail: contacto@edicionespuntocero.com
www.edicionespuntocero.com

ISBN: 978-980-7312-00-4

Diseño de colección
Ediciones Puntocero

Fotografía de portada
istockphotos.com

Diagramación
Rodrigo Milla

Corrección
Lucía Lacurcia

Printed by CreateSpace, An Amazon.com Company

Globotomía

Del ambientalismo mediático a la burocracia ambiental

ARAMIS
LATCHINIAN

CONTENIDO

Para leer un libro provocador

«But I don't have to know an answer. I don't feel frightened by not knowing things; by being lost in a mysterious universe without any purpose —which is the way it really is, as far as I can tell, possibly. It doesn't frighten me.»
RICHARD FEYNMANN[1]

ARAMIS LATCHINIAN HA ESCRITO UN LIBRO PROVOCADOR, que puede leerse en más de un registro y que será igualmente útil al ciudadano común atento a los temas políticos y ambientales contemporáneos, al ambientalista, ecólogo o científico, y al estudiante que intente poner orden en un tema complejo y marcado a fuego por las posiciones tomadas. Este pronóstico de su pluralidad de destinos se basa en reconocerlo como un texto cuyo pulso late en el flujo de la realidad contemporánea, de especial significación para los países del tercer mundo en los cuales el tema ambiental es otro campo en el que se debaten las posibilidades de autonomía política y los desafíos del desarrollo.

En su aspecto provocador, *Globotomía* se inscribe en esa saludable corriente de eclecticismo que no puede sino desconfiar de muchos de los consensos que unifican a los bienpensantes de este temprano siglo XXI. Y que un libro tan lleno de sensatez y argumentación transparente constituya una provocación para el pensamiento dominante nos deja ver hasta qué punto hemos dejado que las certezas de nuestro espíritu se apoyen en falacias y posiciones ideológicas que nublan la realidad. Para quienes somos hijos de la generación que protagonizó la etapa de revoluciones mundiales que tuvo lugar en

---

[1] Richard Feynmann, físico teórico norteamericano, ganador del premio Nobel en 1965, considerado una de las figuras más brillantes, iconoclastas e influyentes de su tiempo en su campo.

los años sesenta del siglo XX, constatar que nuestros pares, ocupando hoy posiciones de decisión claves a lo largo y ancho del mundo, se encuentran atrapados en un esquema políticamente «correcto» que los hace conformistas en su inconformismo consensuado, no deja de ser una constatación casi vergonzosa.

Su análisis de la corriente de opinión dominante sobre el tema ambiental reconoce el papel del mercado, los medios y las tendencias culturales en la construcción del consenso, un consenso que equivale a una «falsa conciencia», para utilizar un término del instrumental teórico del siglo XX. Pero en la lectura política que propongo –una entre otras posibles–, el valor que subrayo del texto son sus «consideraciones intempestivas»: como operación del pensamiento, provee herramientas para desembarazarse de algunas de las imposiciones del consenso progresista que, en su faceta ambientalista, nos impone agregar a nuestras culpas el que la tierra se esté destruyendo a manos de una sociedad de la que todos formamos parte, y como consecuencia de la búsqueda de un bienestar al que aspiramos todos los seres humanos. Lo que nos dice sobre el destino de la tierra y el nuestro, sorprende, parafraseando a un pensador-artista brasileño: «No por ser exótico, sino por el hecho de haber estado siempre oculto cuando era obvio».[2] No es la sobrevivencia del planeta lo que está en juego, nos dice, sino la nuestra como especie, y es muy probable que no duremos muchos miles de años más. ¡Pero esto no va a ser nada malo para el planeta! Así como a los librepensadores este argumento nos devuelve la alegría de una conciencia en la propia finitud que es uno de los combustibles para una vida entusiasta, habrá quien encuentre este argumento desolador. Incluso al lector que precisa creer en nuestra trascendencia infinita para mantener el ánimo, este libro aportará herramientas valiosas para entender algunos temas de la vida moderna y de la acción responsable. El lector verá aquí deshacerse sus certezas sobre algunos de los temas que más espacio ocupan en los medios de comunicación, que provocan angustias reales

---

2   «Um indio», Caetano Veloso.

o latentes en su día a día, brillando con la intensidad siniestra de la destrucción: calentamiento global, extinción, agujero en la capa de ozono, reciclaje de la basura, energía nuclear, contaminación.

El autor no niega la crisis ambiental que vive el planeta, aunque relativice su gravedad. Pero sí nos asegura que las soluciones o estrategias consensuadas para enfrentar esta crisis o las innumerables crisis locales que surgen en todo el mundo como producto del desarrollo y del crecimiento poblacional de nuestra especie están presas de una resonante imbecilidad global, que confunde causas y consecuencias, que obstaculiza soluciones, que importa modelos de uno a otro lugar del mundo reproduciendo las agendas de los países dominantes en los países subdesarrollados y convirtiéndose en frenos de su crecimiento, entre otras consecuencias nefastas.

El enfoque de Latchinian es esencialmente práctico, aunque podamos encontrar una fundamentación filosófica en sus argumentos: hace del análisis de costo-beneficio una de sus herramientas básicas de abordaje del estado de la cuestión en los grandes temas ambientales del planeta. Como toda opción esta deja de lado otras, como las perspectivas basadas en la valoración existencial o ética de los temas ambientales (el derecho de todas las especies a existir, el goce estético que provee la vida misma en su «autoconciencia», la «salud» del planeta). Pero lejos de ser una limitación, esta toma de partido por un argumento económico y pragmático permite al autor hacerse presente con contundencia argumental en el campo de coordenadas en el que se debaten hoy algunos de los grandes temas ambientales: el desarrollo, la pobreza y la independencia productiva irregularmente distribuidos en los países en el mundo.

Al proponer para el abordaje de estos problemas un contrapunto entre la visión global y la acción local, que haga posible la gestión del ambiente, Latchinian retoma una fórmula del movimiento ambientalista global, desde sus saludables inicios, como movimiento político. A diferencia del enfoque tradicional, el autor subraya el papel del conocimiento, y con esto toma distancia de una acción basada en consignas políticas y no en conocimiento ajustado y técnico sobre las realidades ambientales. El enfoque es políticamente movilizador en tanto que otorga poderes al individuo, al ciudadano inserto en una comunidad, capaz de evaluar su calidad de vida y las fuerzas que la determinan y capaz de responder a estas realidades, pero reconociendo el valor del conocimiento, del experto, en el momento del diálogo con los políticos.

Y la herramienta que promueve –y he aquí su elección y posicionamiento para la acción– es la Gestión Ambiental. La revisión crítica de esta herramienta que propone en la sección final del libro será de interés tanto para el lector no especializado como para los profesionales involucrados en evaluaciones de impacto ambiental. Muchos encontrarán aquí un eco a las impresiones que suelen tener en sus propios trabajos, especialmente en los países con débil estructura institucional de América Latina. Para decirlo rápidamente y sin matices: en nuestros países, en los cuales tanto el Estado como la empresa privada o dejan de cumplir sus responsabilidades básicas con el colectivo o abusan de su poder, con frecuencia los profesionales del área ambiental, los emprendedores y el Estado juegan un juego de simulaciones burocráticas sostenido en el aparato legal, con los estudios de impacto ambiental como guión de la comedia o la tragedia.

No es poco común que biólogos y ecólogos encuentren en estos estudios, encargados por razones legales por empresas privadas o estatales, oportunidades para emprender investigaciones con suficientes recursos en ciertos ecosistemas, sin las limitaciones financieras de sus universidades o centros de investigación. Y mientras abren esas brechas para hacer en el campo aquello que les gusta por vocación hacer –colectar y catalogar especies de fauna o flora, mapear y reconocer unidades de vegetación a pie o en sobrevuelos aéreos, hacer mediciones ecológicas, químicas y físicas de cuerpos de agua, etc.–, no pocas veces saben que el trabajo que hacen servirá para un informe que será archivado después de una lectura, como requisito para obtener un permiso.

En muchos países de nuestra Latinoamérica de débiles instituciones, repito, es frecuente que el escenario de los estudios de impacto ambiental sea uno en el que emprendedores y científicos hacen posible el trabajo el uno del otro, sin que efectivamente el conocimiento termine sirviendo para regular los desarrollos sobre el terreno. Se dirá que esto no es responsabilidad de la herramienta, sino de la todavía pobre estructura institucional de nuestras democracias, y es justo decirlo. Pero un libro como este nos permite ver las deformaciones que ha sufrido la herramienta que son los estudios de impacto ambiental debido a este estado de cosas. Y al hacerlo, permite que tanto científicos como emprendedores se vean sumergidos en la realidad mayor de las estructuras políticas que les dan contexto, y sean extraídos de ese compartimiento social estanco de técnicos y empresarios en el que los inserta su trabajo, expulsados al espacio mayor de ciudadanos, de copartícipes en la construcción de nuestras formas de gobierno marcados por la libertad de disentir, de pensar, de exigir y de actuar, y a la vez por la responsabilidad por la propia inserción social.

Tenemos entre las manos un libro que abre ventanas para pensar la realidad y actuar sobre ella, que sirve para moverse en la argumentación y la acción sobre aspectos fundamentales de nuestra vida en el mundo contemporáneo. Sin duda hará que muchos lectores vean disolverse algunas de sus certezas, pero esta pérdida de referencias contribuirá a empujarlos hacia un terreno más incómodo y a la vez más fértil: el campo de los que saben que la búsqueda de la verdad y el manejo de la duda son siempre herramientas de un esfuerzo constructivo mayor, el de buscar las formas de hacer fructificar tanto lo claro como lo oscuro en la producción de nuevas realidades.

Alejandro Reig

Presentación

No hay duda de que los temas ambientales se han instalado en la agenda mundial, aunque eso no es garantía de que se enfoquen de modo responsable o al menos útil para darles solución. Estos problemas se pueden abordar desde la *gestión ambiental,* es decir, desde una *perspectiva técnica* que apunte a la identificación y evaluación de causas y al diseño de soluciones específicas; desde una *perspectiva político-mediática* –en ocasiones hasta cinematográfica–, que tiene como mejor exponente al ex vicepresidente Al Gore, con sus giras por el mundo; o desde una *perspectiva catastrofista,* que promueve el anuncio de una crisis inminente y de consecuencias desastrosas, representada por gran parte del movimiento ambientalista mundial. Estos distintos enfoques coexisten y la percepción y el abordaje de los problemas ambientales suelen ser el resultado de la interacción conflictiva entre estos modos de verlos y presentarlos a la opinión pública.

El enfoque de la gestión ambiental adolece de excesivo reduccionismo: pretende desagregar los problemas en sus componentes más ínfimos entendiendo que la solución de las partes solucionará el todo. Esta fuerte influencia del método científico sobre la gestión ambiental le impide comprender que los sistemas ambientales no se comportan como máquinas, que son sistemas complejos, interrelacionados unos con otros, que requieren de un enfoque global, un tanto holístico, para explicarlos. La gestión de los sistemas ambientales requiere primero un análisis del todo para luego estudiar las partes.

El enfoque ambientalista, por su parte, se sustenta en una premisa falsa. Los augurios del desastre ambiental están en la esencia filosófica del ambientalismo: una crisis inminente, anunciada sistemáticamente desde la década de 1970 y que sin embargo nunca se concreta (entendiendo crisis como un cambio brusco y cualitativo, como una mutación, no como una transformación gradual y permanente). El dramatismo del diagnóstico ambientalista no admite medidas tenues ni gradualismos, exige acciones inmediatas y contundentes, cambios de hábitos a escala planetaria. Y esta urgencia no habilita demasiados espacios para la discusión ni la disidencia, pues cualquier distracción podrá tener consecuencias catastróficas. Así se va formando una especie de iluminismo ambiental de corte autoritario al que le ha sido revelada la verdad ambiental.

Pero aunque la crisis ambiental no llega, lejos de una autocrítica o revisión metodológica, los pronósticos catastróficos se reinventan y conquistan nuevos espacios. Así surge el enfoque político-mediático. Los grandes líderes del mundo no se arriesgan a omitir un tema como la crisis ambiental y lo incorporan al discurso político, pues ello les otorga un toque de estadistas de avanzada, y en algunos casos les permite trascender fronteras diciendo generalidades. Y el tema es bien recibido por los electores, quienes leen en ese interés la preocupación sincera de sus dirigentes por la humanidad y por las futuras generaciones, y los perciben como hombres con una visión de futuro, en fin, generosa. Y continuando este efecto en cascada de frivolización de los problemas ambientales, el enfoque ambientalista permea a los grandes organismos de cooperación internacional y se transforma en el discurso oficial, en un discurso global.

Si bien durante muchos años los problemas ambientales tuvieron un carácter fundamentalmente local y se abordaron desde los ecosistemas y las comunidades afectadas, el movimiento ambientalista del mundo desarrollado contribuyó definitivamente a su globalización. El darle una dimensión universal a cada problema ambiental del que se ocupa y un enfoque catastrófico que no admite ningún tipo de negociación ni camino intermedio, otorgó a los problemas ambientales un carácter no solo global sino moral y absolutamente urgente, sin dejar lugar para el planteo de dudas ni discrepancias.

Es decir que si se han extinguido algunas especies (tal vez muchas) por la acción humana, parece que estamos ante una extinción en masa que en algunas décadas habrá acabado con la biodiversidad del planeta. Si una central nuclear tiene un accidente se cuestionará toda generación de energía nuclear independientemente de los niveles de seguridad y de los avances de la tecnología empleada. Si se constatan daños sobre el ambiente o las personas por la aplicación de algún tipo de plaguicidas, se opondrán en forma absoluta y militante al uso de cualquier tipo de plaguicidas, lo que (como veremos) puede ser más perjudicial que beneficioso. Muchas posturas como éstas, bien articuladas pero prescindiendo de datos científicos y constataciones empíricas, fueron transformando a un ambientalismo esencialmente local, reivindicativo, casi subversivo, en una cultura planetaria, en el discurso políticamente más correcto. ¿Quién podría estar a favor de la extinción de las especies o de los accidentes nucleares? Y como broche de oro para terminar de banalizar el discurso ambiental, llegó a las plataformas políticas de los candidatos.

Así se ha ido construyendo un consenso global, un discurso con muy pocos matices entre el movimiento ambientalista, organismos internacionales, gobiernos y medios masivos de comunicación. Las problemáticas ambientales dejaron de ser pasivos que interpelaban la gestión de gobiernos y de grandes empresas, para transformarse en un discurso que anuncia una crisis en puertas y que como toda crisis nos distrae de los objetivos estratégicos y nos impide detenernos a analizar causas profundas. Se está gestando una cultura de crisis para abordar los problemas ambientales que frivoliza la gestión ambiental y no logra comprometer ninguna acción de fondo.

En este contexto de globalización ambiental, la participación social de actores locales en la solución de los problemas de contaminación se ve muy limitada, constituyendo poco más que mano de obra medianamente calificada para instrumentar políticas ambientales que no necesariamente responden a su realidad. Nos bandeamos entre discursos abstractos imposibles de bajar a tierra y la clasificación de residuos en bolsitas de colores sin ninguna contextualización. En medio del desconcierto, los problemas y conflictos ambientales siguen su curso. Los hechos demuestran que el abordaje global de los problemas ambientales con políticas diseñadas desde organismos internacionales, lejos de aportar un enfoque holístico que permita contextualizar las acciones específicas para mitigarlos o remediarlos, promueve la burocratización de las políticas ambientales y pierde de vista las causas concretas que hay detrás de cada problema ambiental.

La distracción de recursos en el mantenimiento de una gran burocracia ambiental internacional que sigue de atrás los problemas y se autoalimenta de ellos mismos, la elaboración de políticas gubernamentales que no responden a las problemáticas locales y distraen recursos escasos de los problemas verdaderamente urgentes, la construcción de paradigmas pseudocientíficos sin las necesarias constataciones y la segregación de las opiniones disidentes, son algunas de las manifestaciones negativas de esta globalización de los problemas ambientales.

Es innegable que la mundialización de las comunicaciones y de la tecnología es un avance que posibilita realizar diagnósticos tempranos, estandarizar aprendizajes y métodos, socializar experiencias y construir soluciones para problemas comunes. Sin embargo, este no es el rumbo actual de las estrategias para enfrentar los reveses que afectan a vastas regiones de la biosfera.

Hasta el momento el acercamiento práctico más adecuado para los problemas ambientales sigue siendo el análisis holístico, pero siempre en función de los casos específicos que desea resolver, como forma de comprender las leyes que los gobiernan y los procesos que se deben enfrentar. Para resolver problemas ambientales sigue siendo imprescindible la desagregación en las causas particulares que los provocan, partiendo de que cada problema ambiental es ocasionado por consumos o emisiones concretas y medibles, que se pueden identificar y gestionar a nivel local. Esto permite un abordaje temprano y un enfoque preventivo de las dificultades.

En definitiva: la contaminación no se puede resolver globalmente. La localización es un componente esencial en la definición de los problemas ambientales: la contaminación ocurre en un lugar concreto, que debe ser ubicado para combatirla. La formulación global de los problemas ambientales, la dilución de los límites espaciales, su definición inespecífica, inviabiliza un abordaje concreto y tangible, hace que estén más asociados al discurso y a la política que a la gestión y al territorio.

La gestión ambiental no se debe limitar a la ejecución obediente de los programas internacionales (que, por lo general, responden a múltiples intereses políticos y económicos, pero no a los problemas ambientales locales), más bien se debe orientar a la participación activa en la caracterización de los escollos y en el diseño de soluciones originales e innovadoras en cada realidad. Al definir los problemas ambientales en una escala planetaria, son de tal magnitud los sesgos políticos y económicos que se introducen en desmedro de un enfoque científico y objetivo, que no es posible una identificación de sus causas concretas y menos aún el diseño de estrategias para resolverlos.

La hipótesis principal de este libro es que la globalización de los problemas ambientales se ha desarrollado en una dirección perversa, que no contribuye a resolver los impactos provocados por el hombre sobre su entorno natural. Los problemas ambientales globales se han convertido en profecías catastróficas que como tales no requieren mayores constataciones científicas y que, en los hechos, terminan siendo poco más que un tópico para amenizar reuniones.

Para discutir la aplicabilidad del enfoque global se toman opiniones e hipótesis desarrolladas por científicos de distintas disciplinas, que discrepan de la «versión oficial» y que, por ello mismo, han sido desatendidas e incluso despreciadas.

En este contexto, mientras se revisan y refrendan acuerdos internacionales para frenar el calentamiento global o la liberación de gases agotadores de la capa de ozono, o para que no se extingan más especies, los conflictos ambientales siguen sucediéndose como antes, o tal vez peor. Se comentan dos conflictos ambientales emblemáticos. Primero, la contaminación de la bahía de Minamata durante las primeras décadas del siglo pasado, cuando Japón pertenecía al tercer mundo, un caso que conmovió a la comunidad científica ambiental, en el que murieron cientos de personas por contaminación con mercurio. El segundo, el conflicto binacional entre Argentina y Uruguay por la instalación de plantas de producción de pasta de celulosa en las márgenes del río Uruguay, un conflicto interesante por su vigencia, por su vinculación con los procesos de globalización y por el papel jugado por el movimiento ambientalista. Dos conflictos ambientales con casi un siglo de diferencia y muy pocos aprendizajes en el medio. Se describen como ejemplo, además, cuatro problemas ambientales globales que por diferentes motivos son representativos del conjunto de esta problemática de obediencia masiva y acrítica, en ocasiones de fascinación ante el discurso ambiental global.

Se plantean preguntas incómodas y se insinúan respuestas que discrepan de las ideas arraigadas en la opinión de la mayoría de la población y de los tomadores de decisión. Por ejemplo: ¿el calentamiento global es provocado por el hombre o es de origen natural? Y en función de ello, ¿cuánto podemos hacer para frenarlo? ¿Estamos ante un evento de extinción en masa de especies o ni siquiera sabemos cuántas especies existen? ¿Era tan grave el agujero en la capa de ozono o había muchos intereses para sustituir los CFC por otro producto de síntesis? ¿Los plaguicidas son un problema o una solución? ¿La energía nuclear es riesgosa para el ambiente y las personas o es la energía más limpia de que disponemos? En definitiva se ponen en duda algunas de las verdades ambientales más dogmáticas del momento, sean pregonadas por organizaciones no gubernamentales ambientalistas, multinacionales, gobiernos de derecha o de izquierda, y en ese contexto se discute la crisis por la que atraviesan los principales instrumentos para gestionar a nivel local los problemas ambientales.

Podemos ser responsablemente optimistas: no estamos ante el fin del mundo ni mucho menos, estamos ante problemas ambientales de distinta magnitud y todos ellos tienen solución, todos pueden ser manejados con un conjunto de herramientas de evaluación y gestión que se enriquecen y evolucionan metodológicamente. De hecho, los datos científicos evidencian que la situación ambiental del planeta no es tan mala como se la presenta y en algunos aspectos tiende a mejorar. Sin embargo la percepción de la gran mayoría de la población es la contraria, es de múltiples desastres ambientales en curso o inminentes, y esta percepción falsa se alimenta desde organizaciones ambientalistas multinacionales, desde una enorme burocracia ambiental internacional, desde gobiernos y sectores académicos, que a esta altura dependen de estos desastres ambientales para su propia supervivencia. A esta suerte de esquizofrenia ambiental de escala planetaria hemos llamado Globotomía.

Este libro solo pretende plantear una duda razonable respecto a un consenso sospechoso, tal vez echar leña a un debate que se apaga y requiere ser avivado. No es mi intención incorporarme a la *troupe* de los escépticos ambientales, argumentando que el medio ambiente está de maravillas y que no hay de qué preocuparse; pero tampoco deseo integrar la claque impensante que celebra el dudoso consenso y las predicciones apocalípticas promovidas desde algunos organismos de Naciones Unidas y parte del movimiento ambientalista. Si estas páginas contagian estas dudas o contribuyen a movilizar el espíritu crítico y la curiosidad del lector, el objetivo se habrá cumplido.

PARTE I

¿Problemas ambientales globales o globalización de los problemas ambientales?

«Que el mundo fue y será una porquería ya lo sé…
En el quinientos seis y en el dos mil también.»
CAMBALACHE, ENRIQUE SANTOS DISCÉPOLO

UN POCO DE HISTORIA

Los primeros mamíferos del género Homo aparecieron en la Tierra (seguramente en el continente africano) hace unos pocos millones de años, muchos millones después de que desapareciera el último dinosaurio. Dentro de este género, el hombre (*Homo sapiens sapiens*) apareció apenas 50 o 60 mil años atrás, cuando las condiciones ambientales eran esencialmente iguales que ahora, y rápidamente se dispersó por todo el planeta abandonando su estado de salvajismo y de sumisión a su entorno. Desde la prehistoria sus capacidades especiales le permitieron modificar profundamente el ambiente.

El control del fuego, el cultivo de plantas y la domesticación de animales herbívoros favorecieron la destrucción de la vegetación natural, el sobrepastoreo y la erosión. Pero mientras las poblaciones eran pequeñas, con las tecnologías y herramientas rudimentarias y consumos moderados, el impacto sobre el ambiente fue solamente local y el medio tuvo la capacidad de restablecer las condiciones originales con facilidad.

Pero la agricultura se desarrolló rápidamente (dos mil años a.C. ya existían calendarios de riego para campesinos). Desde entonces, la forma de relacionarnos con el ambiente ha ido evolucionando desde el temor y el respeto del hombre primitivo por las fuerzas de la naturaleza a la conquista del fuego y el mandato divino de dominar el mundo y reproducirnos indefinidamente, luego la valorización del ambiente en función de su capacidad de producir bienes y servicios, pasando por los ensayos de acabar con la explotación del hombre por el hombre en base a la explotación de los recursos naturales. Y llegamos a tiempos en que los impactos ya no son solo locales ni transitorios, y la resiliencia de los ecosistemas no es suficiente para amortiguar los daños ambientales y regenerarse hasta alcanzar su estadio primario.

En definitiva, la vinculación del hombre con el medio siempre estuvo dirigida al uso, al consumo, a la extracción, asumiendo en los hechos que el ambiente es infinito, que los recursos naturales son inagotables, que el entorno tiene la capacidad de absorber cualquier emisión humana y restablecer las condiciones originales. Pese a que se viva en forma culposa, la conquista es inherente al hombre. Claro que en temas ambientales es una conquista contradictoria, pues en la medida en que el desarrollo tecnológico nos permite apropiarnos de la naturaleza nos hace más dependientes de ella y su agotamiento promete dejarnos en peores condiciones que al inicio de la carrera. Pero igual continuamos en la carrera, pues es inherente al hombre, y sobre este desarrollo tecnológico funcional a la conquista de la naturaleza se fundó la modernidad y toda la mitología del progreso que desencadenó la Revolución industrial, punto de quiebre en las relaciones del hombre con su entorno. El desarrollo de las ciencias, la política y la economía consideran a la naturaleza como un reservorio de recursos a explotar.

Esta peligrosa percepción de la infinitud ambiental sirvió hasta que a fines del siglo XIX los efectos de la Revolución industrial transformaron en cloacas a varios ecosistemas emblemáticos de la vieja Europa. Cloacas de donde la gente extraía agua para consumo, por lo que los impactos sobre la salud de las personas no se hicieron esperar: miles de muertos en forma directa por la contaminación del aire y del agua, por la sobreexplotación de los recursos naturales. La niebla asesina, el agua venenosa se apoderaban de distintas capitales de Europa cobrando vidas. Comenzaban los conflictos ambientales de la era industrial. Así, las epidemias y muertes provocadas por la contaminación ambiental ya ocurrían cien años antes de los pronósticos de una crisis ambiental.

Y la población mundial siguió aumentando, como bacterias en una cápsula de Petri en la fase exponencial, en que los nutrientes parecen infinitos. Pero en la fase final las colonias bacterianas declinan estrepitosamente cuando los recursos se agotan. En cambio, la población mundial continuó creciendo (evidenciando un comportamiento más parecido a virus que a bacterias), y mejoraron las tecnologías extractivas, el uso de combustibles fósiles y los niveles de consumo por habitante.

Los años que siguieron a la Segunda Guerra Mundial implicaron redireccionar los nuevos desarrollos tecnológicos del período bélico y la tremenda capacidad productiva construida durante la guerra hacia finalidades de desarrollo económico y social. Computadoras, antibióticos, vehículos, plaguicidas, se masificaron en el mercado mundial y se incorporaron a los hábitos de consumo planetarios.

A mediados del siglo pasado ya existían indicios de que el hombre había incidido en cambios de escala planetaria, a nivel de la atmósfera, del suelo y del agua. Estos efectos de alcance global llevaron a que la Conferencia de las Naciones Unidas sobre el Medio Ambiente (Estocolmo, 1972) sentara las bases institucionales de una ciencia ambiental aplicada. Allí se discutió la relación directa entre desarrollo (y subdesarrollo) y medio ambiente y surgió la famosa definición de *desarrollo sustentable* que regiría la gestión ambiental hasta nuestros días: «... que el uso que hagamos de los recursos naturales no ponga en riesgo la disponibilidad de esos recursos para las futuras generaciones».[3] Veinte años después, la Cumbre de la Tierra (Río

---

3 Comisión Mundial del Medio Ambiente y del Desarrollo (1992). *Nuestro futuro común*. Alianza Editorial. 2ª edición. Barcelona.

de Janeiro, 1992) estableció los parámetros de la gestión ambiental moderna a partir de compromisos y programas internacionales de acción, además de mecanismos de normalización que buscaron armonizar el desarrollo (producción, comercio y consumo) con la preservación ambiental.

Una década más tarde, en 2002, vino la cumbre «Río+10» en Johannesburgo, donde continuó el debate pero sobre todo donde se consolidó el enfoque global de los problemas ambientales, con una desproporcionada relación entre lo global y lo local.[4]

PROBLEMAS AMBIENTALES GLOBALES

La dilución de las fronteras geopolíticas y el alcance mundial de procesos que antes eran locales o regionales es lo que comúnmente se conoce como mundialización. Pero si a esta definición, que es en esencia geográfica o espacial, la cargamos de contenidos económicos e ideológicos, hablamos de globalización.[5]

Cuando se habla de *problemas ambientales globales* se hace referencia a aquellos efectos de las acciones humanas que por su alcance o magnitud han llegado a afectar a una zona amplia de la biosfera. Estos problemas se caracterizan por ser acumulativos, en muchos casos irreversibles incluyendo sinergias y reacciones en cadena. Se trata de efectos en los que, si bien responden a la acumulación de múltiples causas locales, no siempre se pueden identificar las fuentes específicas que los provocan.[6]

Tan importante como la gravedad de los problemas ambientales globales en sí es que implican un cambio sustantivo en la metodología de análisis y de gestión y en el diseño de respuestas. Los problemas ambientales globales requieren para su solución de amplios consensos

---

4 Tierramérica (2008). http://www.tierramerica.net/riomas10. Notas de prensa sobre la Cumbre de la Tierra de Johannesburgo 2002.

5 Ferrer, A. (1996). *Historia de la Globalización II*. Fondo de Cultura Económica, Buenos Aires.

6 Barreto, R. (2000). *Problemas ambientales globales*. Centro de Investigaciones Ciudad - Programa PANA. Ecuador.

y articulaciones, de la cooperación internacional, pues aparentemente es imposible abordarlos desde «lo local»: los problemas ambientales globales requieren actuar globalmente. Esto podría ser visto como la necesidad de un enfoque holístico de la problemática ambiental, pero también es cierto que este enfoque entraña una devaluación de la toma de decisiones locales.

Existen varias listas internacionalmente aceptadas de problemas ambientales globales, y esto se debe a que en muchos casos no se puede delimitar con precisión cuándo un efecto ambiental trasciende ámbitos locales para conformar un efecto global. Una lista bastante comprensiva podría estar integrada por:

1. Cambio climático y calentamiento global.
2. Destrucción de la capa de ozono.
3. Pérdida de biodiversidad.
4. Crisis energética y crisis alimentaria.
5. Contaminación de los océanos.
6. Escasez y mal uso del agua.
7. Degradación de suelos fértiles y desertificación.
8. Destrucción de selvas y bosques tropicales.
9. Lluvia ácida.
10. Acumulación de desechos tóxicos.

Sin duda esta lista es incompleta, pero la omisión más clara es la de efectos globales sobre el medio antrópico, es decir, sobre elementos propios y exclusivos del hombre, de su cultura; aspectos vinculados a hábitos de consumo, de alimentación y de pobreza, a procesos de urbanización, entre tantos otros. Solo nos referiremos a efectos globales sobre el medio natural, en el entendido de que existe una relación de causalidad directa entre el deterioro del medio natural y del medio antrópico.

Será suficiente discutir, a modo de ejemplo, los cuatro primeros problemas ambientales de la lista anterior, que son comunes a la mayoría de las listas y contienen todas las características que definen a los problemas ambientales globales. De estos cuatro problemas ambientales globales, la destrucción de la capa de ozono estuvo en el tapete durante la década pasada, el calentamiento global está desde hace varios años en primera plana, pero su éxito mediático está siendo desafiado por la problemática socioambiental del petróleo y la crisis energética, y muy posiblemente la pérdida de biodiversidad sea el problema ambiental de la próxima década. Como veremos más adelante esta secuencia es relevante.

Una tendencia destacable es que desde hace algunos años los problemas ambientales globales (calentamiento del planeta, adelgazamiento de la capa de ozono, pérdida de biodiversidad) tienden a ocupar lugares muy destacados en las agendas de gobiernos, sociedad civil, organismos de cooperación, en las entregas de premios (sean Oscar o Nobel), desplazando a los *problemas ambientales locales*, que sin duda son menos mediáticos (acumulación de residuos sólidos, contaminación acústica, emisiones atmosféricas, efluentes urbanos e industriales, entre otros). Aunque obviamente no hay una contradicción entre problemas globales y problemas locales, sino una clara relación de causalidad, sin embargo los primeros tienden a desplazar a los segundos de la atención pública.

Cerda y Cúneo,[7] en su trabajo de *Atención Primaria Ambiental (APA)* de la Organización Panamericana de la Salud, describen los problemas ambientales locales que son padecidos todos los días por miles de millones de personas, a quienes nadie les tiene que contar acerca del olor de los basureros, del ruido del tráfico, ni de bañarse en una playa contaminada con aguas cloacales. Sin embargo, los problemas ambientales globales, que se ven por televisión en forma de desastres en lugares que posiblemente nunca serán visitados por el televidente, tienden a preocupar cada vez más a la opinión pública.

---

7 Cerda, R. y C. Cúneo. (1998). *Atención Primaria Ambiental (APA)*. Organización Panamericana de la Salud, Div. de Salud y Ambiente Programa de Calidad Ambiental. Washington, D.C.

En parte, este fenómeno de globalización de temas ambientales responde a la constatación empírica del deterioro ambiental global provocado por modelos de producción y hábitos de consumo insostenibles, que tal vez, como propone el químico atmosférico James Lovelock[8] en su teoría Gaia, ponen en riesgo la vida en el planeta tal como la conocemos hoy. Pero esta globalización de la problemática ambiental provoca otros efectos: deja al descubierto la existencia de agendas ocultas de corporaciones dentro de los organismos de crédito y de cooperación, evidencia la frivolidad de parlamentos y gobiernos que adoptan temas de moda para elaborar políticas de Estado sin más fundamentos que las noticias que aparecen en la prensa y la televisión, muestra indicios de la formación de una gran burocracia ambiental internacional que corta transversalmente a la sociedad y que parasita estos problemas ambientales globales, entre otros.

¿Es del todo cierto que la humanidad se encuentra al borde del precipicio o se trata de otra de las tantas profecías del fin del mundo, en este caso respaldada por la globalización de las comunicaciones y la falta de diversidad en las opiniones? Y de ser ciertas las calamidades anunciadas, ¿será suficiente andar más en bicicleta y usar desodorante corporal en barra o habrá que hacer alguna otra cosa? ¿Y las responsabilidades serán iguales para todas las sociedades o habrá algunas que deberán rendir cuentas primero? Acerca de estas preguntas discutiremos en los próximos capítulos.

La globalización de las comunicaciones como fenómeno de concentración y pérdida de diversidad ha permitido la construcción de una opinión pública unánime respecto de distintos tipos de problemas, con cierta prescindencia de la demostración científica de esos problemas, o en otras palabras, la fabricación de certezas y temores en la opinión de millones de personas.[9] No significa esto que no exista una base científica en el análisis de los problemas ambientales globales, pero sería deseable que cuando vamos a extraer

---

8   Lovelock, J. (2005). *Homenaje a Gaia*. Océano. Barcelona.

9   Sartori, G. (1998). *Homo videns: La sociedad teledirigida*. Santillana, Madrid.

conclusiones de alcance planetario, contemos con algunas certezas y sobre todo con un debate abierto y plural.

La amplia mayoría del público está absolutamente convencida de que el calentamiento del planeta se debe a las emisiones atmosféricas provocadas por el hombre, de que la capa de ozono se reduce por la misma causa, el precio de los alimentos sube porque se emplean vegetales cultivados para producir biocombustibles y las especies animales y vegetales se están extinguiendo aceleradamente también por la acción humana. Más aún, los organismos internacionales de cooperación o de crédito (desde Naciones Unidas hasta el Banco Mundial) encargados de estos asuntos son reticentes a discutir estos diagnósticos de causalidad antrópica para todos los males ambientales, y alertan de que poner en duda nuestra responsabilidad criminal en esos problemas ambientales globales sería retroceder décadas en la discusión, cuando esto ya fue «acordado».

El mayor perjuicio de este enfoque globalizador es que los problemas ambientales globales se transforman en construcciones sociales, en acuerdos entre partes, con los medios de comunicación como principal instancia de validación empírica, sin requerir constataciones objetivas en el campo de las ciencias ambientales.

En este contexto, los problemas ambientales globales sirven de marco y justificación para cualquier efecto o desastre sin demasiada necesidad de buscar causas concretas y específicas. Si un huracán provoca un efecto devastador en una ciudad costera y asumimos que la causa del desastre es el cambio climático, como una suerte de venganza de la naturaleza, nos exoneramos de investigar las causas concretas sobre las que seguramente podemos incidir (ordenamiento ambiental del territorio, mantenimiento preventivo de infraestructuras, sistemas de alerta temprana, etc.). Si las intensas lluvias provocan un deslave que arrastra la ladera de un cerro y sepulta cientos de casas, para un gobierno es mucho más cómodo hablar de calentamiento global que de la falta de controles en la localización y calidad de las viviendas, de la modificación hidrográfica por impermeabilización del suelo y por pérdida de la cobertura vegetal, entre otras causas que lo responsabilizan directamente. Estos desastres «naturales» ocurrieron siempre, solo que ahora son culpa de otro.

Este enfoque global del asunto implica además, en los hechos, una pérdida de soberanía ambiental, ya que sobre los problemas ambientales globales los actores locales tienen poca capacidad de decisión y acción, pero los problemas locales que le afectan a diario dejan de estar en la agenda de gobiernos, medios y agencias de cooperación. Casi la totalidad de la investigación científica y tecnológica sobre los temas ambientales globales se realiza en el Hemisferio Norte, lo que consolida un sesgo en el enfoque y la dependencia en el abordaje de los temas ambientales a investigar.

Existe en amplios sectores de la población mundial la percepción de riesgos ambientales inminentes respecto de eventos catastróficos, que no son debidamente estudiados y constatados. Pero esta percepción se construye, se moldea, y los temores van dando lugar a las certezas, muchas veces equivocadas, independientemente de la razonabilidad de estas percepciones.[10]

Desde tribunas tan creíbles como Naciones Unidas, el movimiento ambientalista, organismos internacionales de crédito y de cooperación y gobiernos de distinta orientación, se coincide en diagnósticos apocalípticos del futuro del ambiente, se pronostican desastres que aunque no se cumplen son sustituidos por otros, y de esa forma nos mantenemos atentos al inaplazable desenlace hollywoodense producto de nuestros desmanes y nuestras culpas. Esto ocurre con bastante independencia de los problemas de degradación ambiental objetiva y tangible que existen a nivel local. La opinión pública mundial está siendo objeto de una lobotomía ambiental, una amputación de la capacidad de discernir, en escala planetaria y sin intervención quirúrgica (pero con bastante anestesia), es decir una Globotomía.

---

10 Sunstein, C.R. (2006). *Riesgo y razón. Seguridad, ley y medioambiente.* Editorial Kats.

En la medida en que la globalización de los problemas ambientales se consolida como método universal, trasciende rápidamente el ámbito de los problemas ambientales globales y se convierte en un método de análisis aplicable también a los problemas ambientales locales.

La educación ambiental en torno a la gestión de los residuos sólidos domiciliarios es un ejemplo puntual pero que puede graficar esta situación de globalización de un problema local, incorporando a toda la sociedad. La educación ambiental es un campo muy difundido en la escuela primaria, pero al no contar con el debido desarrollo didáctico y científico dentro del sistema educativo suele quedar en manos de ONG, en muchos casos ambientalistas, que con la mejor de las intenciones asumen la tarea educativa como una actividad militante más que profesional y se vuelven multiplicadoras de un discurso totalmente equivocado, cuando no perverso.

Desde los años ochenta toda escuela primaria que quiera estar actualizada en sus programas y proporcionar a sus niños una verdadera educación en valores, enseñará las 3R para los residuos sólidos que se generan en sus casas (reducir, reusar y reciclar). ¿Pero alguien de los sistemas educativos se ha puesto a pensar si esa estrategia es una herramienta útil para la vida de esos niños? ¿Es conveniente clasificar los residuos en las casas o será mejor sacarlos rápido del alcance de los niños?

La clasificación y reciclado de la basura que se genera en los hogares como una responsabilidad de cada individuo (lo que debe ser educado desde la escuela primaria) es una estrategia propia de países con altas tasas de consumo por habitante, que además consumen productos con alto grado de manufactura, que generan grandes cantidades de residuos de baja degradabilidad, países con una densidad de población muy alta y pequeño territorio, principalmente países desarrollados de Europa.

Cabe entonces preguntarse: ¿esta estrategia de las 3R es aplicable a países con densidad de población baja, con niveles de consumo por habitante que no llegan al mínimo recomendado por organismos de Naciones Unidas, con niveles de pobreza altos y malas condiciones sanitarias, o se estará globalizando en el planeta una educación ambiental en base a las necesidades de muy pocos países? ¿No estaremos educando a niños de América Latina y Asia para que sean buenos ciudadanos holandeses?

La instalación de rellenos de seguridad para residuos sólidos en un país desarrollado de Europa, donde el precio de la tierra es muy elevado, no es la mejor opción. Pero en países pobres la mejor estrategia es alejar los residuos domiciliarios de los centros poblados y disponerlos de forma centralizada y ambientalmente adecuada, eso quiere decir: rellenos de seguridad antes que clasificación en origen.

La mayoría de las experiencias de aplicación de la estrategia de las 3R en países del tercer mundo han demostrado que lo que logran es promover una especie de esquizofrenia institucional, y mientras la población segrega sus residuos en bolsitas de colores, el grueso de la basura que producen irá a un vertedero a cielo abierto donde cientos de personas buscarán alimento. En definitiva, cuando países del tercer mundo importan mecánicamente modelos de clasificación de desechos, resultan bellísimos programas de bolsitas de plástico mientras miles de niños viven y comen de la basura. Seguramente la inversión más razonable sería el desarrollo de sistemas de recolección y disposición seguros y rápidos, para garantizar que los residuos sean alejados de la población más vulnerable.

En definitiva, siempre los problemas ambientales se deben pensar localmente, tanto su identificación, la evaluación de su significación y las estrategias para su solución.

CAUSAS VERDADERAMENTE GLOBALES

De acuerdo con diversas investigaciones sobre el calentamiento global, el debilitamiento de la capa de ozono, las extinciones en masa de especies, el agotamiento de fuentes de energía y otros problemas ambientales, si queremos globalizar la problemática ambiental, como veremos más adelante la acción del Sol y la evolución del planeta, entre otras causas sobre las que no tenemos ningún control, deberían ser el criterio principal de integración del análisis y tal vez las causas más globales de estos problemas. Sin embargo, se ha generalizado el enfoque pesimista y excesivamente antropocéntrico de atribuir al hombre más importancia que al Sol en la modificación de las condiciones ambientales del planeta.

Decididamente debemos ser menos narcisistas en la búsqueda del origen de los problemas ambientales, y si de modo sincero pretendemos encontrar causas antrópicas de carácter global, antes que el uso de las lámparas de bajo consumo o andar más en bicicleta podemos empezar por las guerras petroleras o la deuda de los países pobres. Esas sí son causas antrópicas de problemas globales. Veamos algunos ejemplos.

Las guerras

Una carrera armamentista tan loca como impune que, lejos de desacelerarse con el fin de la guerra fría, se inventa nuevos enemigos que justifiquen nuevas armas, que ya han causado los primeros desastres ambientales del nuevo siglo (por ejemplo el derrame de petróleo intencional más grande de la historia, ocurrido durante la guerra del Golfo Pérsico). No es una novedad: la guerra es la invención ambientalmente más peligrosa del hombre. Lo que sí es nuevo es el excesivo gasto en esta industria en detrimento de las necesarias inversiones en salud, educación, etc.

El presupuesto del Programa de las Naciones Unidas para el Medio Ambiente (PNUMA) para un año es de 100 millones de dólares, mientras que los gastos militares de un día son de más de 2.000 millones.

Tal vez aquí valga hacer la salvedad de que algunas guerras han «contribuido» a la preservación de recursos naturales. Se trata de conflictos locales con poca inversión en tecnología bélica, que no aplican la táctica de tierra arrasada (que suele ser una de las principales herramientas de las guerras modernas). Guerras tribales o conflictos de baja intensidad entre ejércitos convencionales y movimientos guerrilleros suelen generar zonas de exclusión donde las actividades productivas y el consumo de recursos naturales se desplazan. Estas exclusiones dan un descanso a las tierras agrícolas, que no recibirán agroquímicos ni se erosionarán por malas prácticas productivas, los recursos pesqueros no se sobreexplotarán, entre otros efectos positivos. Por supuesto que todas las guerras son espantosas, chiquitas o grandes, pero algunas son letales para el ambiente y las personas, mientras que otras son letales para las personas pero pueden provocar impactos positivos sobre el medio natural.

De todas formas, si bien estos conflictos locales pueden redundar en aislamiento y preservación de la zona, no se puede desconocer que la mayoría de ellos ocurre en los *hot spots* o «puntos calientes» de biodiversidad, regiones sin institucionalidad alguna y libradas a las distintas formas de tráfico y piratería, lo que implica otros riesgos para el ambiente. Según la ONG Conservation International, existen en el mundo 34 «puntos calientes» de biodiversidad (alta riqueza de biodiversidad, presencia de especies relevantes en peligro, ecosistemas raros y vulnerables, etc.) y el 80% de guerras de este tipo se desarrollan en esas zonas.

Las zonas desmilitarizadas que quedan como áreas de amortiguación en países que tuvieron guerras y que mantienen una paz precaria, casi una tregua, como franjas fronterizas de campos minados, son las reservas de fauna y flora que han demostrado ser más efectivas. En varios puntos de Eurasia y África abundan estas reservas naturales militarizadas, muchas de las cuales son verdaderos paraísos de biodiversidad y paisaje. En cierta forma, en una visión totalmente eco-céntrica, lo peor que le podría pasar a las miles de especies amenazadas que encuentran ahí un refugio seguro sería que los países beligerantes alcanzaran una paz duradera: la belleza natural de muchos de esos ecosistemas sería un atractivo irresistible para el desarrollo turístico e inmobiliario. La presión antrópica no tardaría en degradarlos.

Pero no nos referimos a ese efecto secundario de los conflictos locales, sino a la industria de la guerra que comenzó a dar un salto en calidad a inicios de la década de 1970 con el envenenamiento masivo de las selvas y campos de Vietnam. A partir de ahí nos fuimos acostumbrando a la guerra química y microbiológica como algo casi legítimo. Y en la actualidad, pese al discurso dominante, la actividad humana que concentra más recursos científico-tecnológicos y económicos en el mundo es la industria bélica. Cada nueva guerra provoca impactos ambientales de mayor alcance y profundidad.[11]

Somos más consumiendo más

La globalización económica y tecnológica ha situado a grandes corporaciones transnacionales como motores de la economía mundial. Muchas empresas multinacionales tienen un Producto Interno Bruto (PIB) mayor que el de varios países juntos. De hecho, de los 100 mayores sistemas económicos del mundo la mitad corresponden a empresas (cada una de ellas más rica que 130 países).[12] A eso se suman las tecnologías de la comunicación al servicio del consumo más desenfrenado, llegando a todos los rincones del planeta. Y estos son rasgos distintivos del inicio del siglo XXI: por un lado, un tímido discurso que convoca a la racionalidad y a buscar la sustentabilidad, mientras simultáneamente (y en muchos casos desde la misma fuente) se invierten miles de millones en promover hábitos de consumo obscenamente derrochadores.

Pero lo que vuelve explosiva a esta mezcla es que la población mundial crece a razón de un millón de personas cada cuatro días. Aunque en la curva de crecimiento se perciban mejorías en algunas

---

11 Weisman, A. (2008). *El mundo sin nosotros*. Debate, 1ª edición.

12 Lomborg, B. (2005). *El ecologista escéptico*. Editorial Espasa.

tendencias y en términos estadísticos podamos ser optimistas, en términos absolutos esta cifra es aterradora. La mayoría de los pronósticos demográficos ubican a la población mundial en el entorno de los 9.000 millones de habitantes dentro de 50 años, lo que no es una buena señal. No sabemos si es un número sostenible o no, ni cuánto habrá avanzado la tecnología para entonces, pero si la población mundial aumenta un 50% en el próximo medio siglo, es esperable que las condiciones ambientales se deterioren y los recursos escaseen.

Cada vez más científicos concuerdan en que la única solución para mantener los niveles de consumo de los países desarrollados y alejarnos de una crisis ambiental y de disponibilidad de recursos, sería que los gobiernos del mundo se comprometieran a promover el control de natalidad y el aborto para que cada mujer fértil tenga como máximo un hijo. De hecho, el problema ya comenzó a ser abordado (mediante planificación estatal en países centralizados como China y mediante autocontroles culturales en países europeos) y, sin llegar a extremos neo-maltusianos, la especie comienza a autolimitarse para buscar el equilibrio. Si estas medidas extremas se aplicaran, a fines de este siglo vivirían en la Tierra 1.600 millones de personas, cantidad similar a la que vivía antes de la explosión demográfica que nos trajo hasta aquí.

Es cierto que hoy somos 6.500 millones de habitantes, y de no aplicarse políticas radicales seremos bastantes más de 10.000 millones a fines de siglo, o sea que probablemente no llegaremos a fines de siglo. Sin embargo, aquí cabe precisar que en la actualidad producimos alimentos suficientes para abastecer sobradamente a toda la población mundial, pese a lo cual muchos miles mueren de hambre cada día. Es decir que el problema que planteamos se ubica en el ámbito de las proyecciones y los pronósticos, mientras que la desastrosa situación actual corresponde a la inequidad en la distribución y no a la escasez de recursos.

Actualmente entre el 80 y el 90% de los niños nacen en los países pobres, lo que ha alentado a los eugenicistas a proponer que la solución a la inminente falta de recursos se debe buscar en el control del crecimiento poblacional en los países pobres. Lo que convenientemente omiten los eugenicistas es que cada niño nacido en un país rico tendrá una huella ecológica equivalente a 30 niños pobres.

El 20% más rico de la población mundial dispone de cerca del 90% de los recursos del planeta, mientras que el 20% más pobre no a accede a más del 1% de los recursos. Según los informes sobre desarrollo humano del PNUD (Programa de las Naciones Unidas para el Desarrollo), esta concentración de la riqueza no cesa de aumentar.[13]

Las deudas

Por último, la famosa deuda externa de la que festejamos pagar los «servicios» y al poco tiempo debemos más que antes. Para «honrar sus compromisos» (que es como se le dice ahora a pagar los intereses de la deuda externa) los países del tercer mundo se ven obligados como nunca a incrementar la explotación de sus recursos naturales, ya que esto es lo que pueden exportar. Por ejemplo, desde los años setenta, las 15 naciones más endeudadas han triplicado la explotación de sus selvas. Mientras que se les pide que protejan la biodiversidad se les exige que paguen la deuda. Brasil aparece como un país responsable, buen pagador de sus «compromisos» gracias a las políticas económicas de los últimos gobiernos; lo que no se dice es la velocidad a la que Brasil ha aumentado la tala de su selva amazónica.

La deuda externa como fenómeno global es históricamente reciente (menos de 50 años) y es un proceso tan económico como político, que comenzó con el endeudamiento exorbitado en el ámbito estatal de países del tercer mundo y luego la suba abrupta de las tasas de interés en los años ochenta, que consolidó las relaciones de dependencia. En los países de América Latina, África y Asia la deuda no ha parado de crecer aunque cada vez pagan más.

---

13 Capalbo, L. (2008). *Desarrollo: del dominio material al dominio de las ilimitadas potencialidades humanas. El resignificado del subdesarrollo.* Ediciones Ciccus. Buenos Aires.

Los países pobres altamente endeudados presentan tasas de mortalidad infantil, morbilidad, analfabetismo y malnutrición más altas que otros países en desarrollo, según el PNUD. Para seis de cada siete países pobres altamente endeudados de África, el pago del servicio de la deuda (se entiende, el principal más los intereses) representa más de la suma total de dinero necesario para aliviar esta situación. Si invirtieran ese dinero en desarrollo humano, tres millones de niños podrían superar los cinco años de edad y se evitarían un millón de casos de malnutrición.[14]

Ante esta desastrosa realidad, los países más pobres y endeudados van renunciando a sus facultades para elaborar políticas propias y de administración del ambiente. No solo la sobreexplotación de los recursos naturales está asociada a la presión financiera. Los modelos de producción agrícola insostenible, de monocultivos transgénicos enfocados a la exportación en detrimento de la soberanía alimentaria, la instalación de industrias ambientalmente riesgosas con una exagerada vocación de promoción de inversiones por parte del Estado y muy pocas exigencias y controles, son algunos de los impactos ambientales y sociales que va provocando la deuda externa en países del tercer mundo.

EL CAMBIO DE PARADIGMAS

Un nuevo paradigma ambiental recorre el mundo: «Pensar globalmente y actuar localmente»; y parece destinado a sustituir la vieja y opuesta premisa de «Pensar localmente y actuar globalmente» en que se forjaron tantas ONG. Sin embargo, organismos de crédito y de cooperación, ONG y gobiernos, la academia y los medios de comunicación, se adhieren entusiastas a la nueva propuesta.

«Pensar localmente y actuar globalmente» implicaba que las acciones locales en distintos lugares se fueran integrando, construyendo redes que permitieran el fortalecimiento de las luchas y los reclamos

---

14 PNUD – Programa de las Naciones Unidas para el Desarrollo (1999). *Informe sobre el Desarrollo Humano 1999.* Nueva York, N.Y.

compartidos, con lo cual la organización iría creciendo desde la raíz. En contraposición, «pensar globalmente y actuar localmente» representa el camino inverso, donde las comunidades locales reciben los lineamientos de acción elaborados en otros lugares. Pero las acepciones pueden haber cambiado con el tiempo.

¿En qué consiste la nueva propuesta de pensar globalmente y actuar localmente en temas ambientales? ¿En que los centros de poder político y económico más importantes del planeta definan los temas ambientales que deben ser abordados y los actores locales no pasen de ser ejecutores de las políticas ambientales mundiales, independientemente de si esas políticas responden a sus necesidades? Si esta es la interpretación correcta, en los hechos conllevará a la profundización de la dependencia tecnológica, a la adopción de formas de producción y de consumo ajenos a las necesidades locales y, en última instancia, a una agudización de la crisis ambiental que resulta de la pobreza y sobreexplotación de los recursos naturales en países del tercer mundo.

¿O pensar globalmente y actuar localmente significa que se globalizarán los recursos necesarios para que a nivel local se pueda dar respuesta a los problemas ambientales que padece cada comunidad? Si esta es la interpretación correcta, implicará una mayor equidad en la distribución de los beneficios y de los perjuicios asociados a modos de producción y hábitos de consumo globales. La asignación de recursos económicos y la cooperación tecnológica desde los países desarrollados hacia los que están en vías de desarrollo, en función de los recursos naturales que se desea conservar en cada lugar, significaría un combate efectivo a la sobreexplotación de los recursos naturales y a la pobreza.

Lamentablemente existen indicios de que la acepción en boga es la primera, que el pensamiento global se desarrolla en una región del mundo y se promueven las acciones locales en otras regiones, con la consiguiente pérdida de soberanía en los temas relevantes de gestión ambiental y la profundización de condiciones de dependencia.

Varios efectos ambientales globales se han adoptado como marco teórico para explicar los desastres naturales hasta hace algunos años inexplicados o atribuidos a causas divinas. Sin embargo, este nuevo discurso ambiental global tiene asociado el riesgo de la generalización de prácticas geocráticas, tan autoritarias e inquisidoras como las prácticas teocráticas. Por ejemplo la acción del hombre como causa principal del calentamiento global: de ser una hipótesis importante (sobre la cual obviamente es mejor prevenir que constatar su veracidad), se transformó en un «mito por el consenso», un nuevo paradigma de tal peso que suplanta la explicación religiosa de los desastres naturales, aunque con una mejor resolución sincrética que la explicación religiosa, amalgamando aspectos científicos, éticos y políticos.

Como discutiremos más adelante, el calentamiento global o el debilitamiento de la capa de ozono ocupan las agendas de gobiernos y los titulares de los medios de comunicación, y cada vez parece más normal y legítimo que un país o un conjunto de países impongan a terceros restricciones en el manejo de sus recursos naturales y eventualmente sanciones en aras de la preservación ambiental.

Países hoy desarrollados, que han alcanzado niveles muy altos de satisfacción de sus necesidades y de calidad de vida de sus habitantes, primero en base a la sobreexplotación de sus propios recursos naturales y luego de la explotación de esos recursos en todos los rincones del planeta, pretenden ponerle condiciones a Brasil respecto a como administrar la selva amazónica. A la luz de lo que han hecho esos países desarrollados con sus propios recursos naturales o en los procesos de conquista, es preferible que lo dejen en manos de los brasileños.

Hace algún tiempo en una conferencia en el Hotel Hilton de Nueva York, ante la propuesta de una persona del público respecto de que la selva amazónica se convirtiera en patrimonio de la humanidad y que fuera administrada internacionalmente por autoridades supranacionales, una alta autoridad del gobierno de Brasil respondió:

Si la Amazonia, desde una ética humanista, debe ser internacionalizada, internacionalicemos también las reservas de petróleo del mundo entero. El petróleo es tan importante para el bienestar de la humanidad como la Amazonia para nuestro futuro. A pesar de eso, los dueños de las reservas creen tener el derecho de aumentar o disminuir la extracción de petróleo y subir o no su precio. También, antes que la Amazonia, me gustaría ver la internacionalización de los grandes museos del mundo. El Louvre no debe pertenecer solo a Francia. Cada museo del mundo es el guardián de las piezas más bellas producidas por el genio humano. No se puede dejar que ese patrimonio cultural, como es el patrimonio natural amazónico, sea manipulado y destruido por el solo placer de un propietario o de un país. No hace mucho tiempo, un millonario japonés decidió enterrar, junto con él, un cuadro de un gran maestro. Por el contrario, ese cuadro tendría que haber sido internacionalizado. Durante este encuentro, las Naciones Unidas están realizando el Foro del Milenio, pero algunos presidentes de países tuvieron dificultades para participar, debido a situaciones desagradables surgidas en la frontera de los Estados Unidos. Por eso, creo que Nueva York, como sede de las Naciones Unidas, debe ser internacionalizada. Por lo menos Manhattan debería pertenecer a toda la humanidad. De la misma forma que París, Venecia, Roma, Londres, Río de Janeiro, Brasilia... cada ciudad, con su belleza específica, su historia del mundo, debería pertenecer al mundo entero. Si EE.UU. quiere internacionalizar la Amazonia, para no correr el riesgo de dejarla en manos de los brasileños, internacionalicemos todos los arsenales nucleares. Basta pensar que ellos ya demostraron que son capaces de usar esas armas, provocando una destrucción miles de veces mayor que las lamentables quemas realizadas en los bosques de Brasil. En sus discursos, los actuales candidatos a la presidencia de los Estados Unidos han defendido la idea de internacionalizar las reservas forestales del mundo a cambio de la deuda. Comencemos usando esa deuda para garantizar que cada niño del mundo tenga la posibilidad de comer y de ir a la escuela. Internacionalicemos a los niños, tratándolos a todos ellos, sin importar el país donde nacieron, como patrimonio que merece los cuidados del mundo entero. Mucho más de lo que se merece la Amazonia. Cuando los dirigentes traten a los niños pobres del mundo como Patrimonio de la Humanidad, no permitirán que trabajen cuando deberían estudiar; que mueran cuando deberían vivir. Como humanista, acepto defender la internacionalización del mundo; pero, mientras el mundo me trate como brasileño, lucharé para que la Amazonia, sea nuestra. ¡Solamente nuestra![15]

Hasta se ve con cierta naturalidad que activistas de una ONG internacional de origen austríaco o belga manifiesten en Uruguay para evitar la construcción de una fábrica o en Afganistán para interrumpir la construcción de un oleoducto. Tal vez cabe preguntarse qué suerte correría un grupo de ambientalistas uruguayos o afganos que interrumpiese una autopista en Viena o en Bruselas para protestar por sus insostenibles niveles de consumo o por sus emisiones atmosféricas. Como dijo George Orwell, «…todos somos iguales, solo que algunos somos más iguales que otros».[16]

Entonces, ¿hasta dónde este nuevo paradigma ambiental responde a la constatación de una crisis ambiental de escala planetaria que se debe enfrentar por todos los medios y hasta dónde responde a viejas formas de dominación con nuevas herramientas teóricas y metodológicas? Parece al menos riesgoso que los nuevos paradigmas de las ciencias ambientales se establezcan en base a intereses económicos y construcciones sociales de los países más desarrollados, y no

---

15 Cavalcanti Buarque, R. (2000). *Declaraciones del ex ministro de Educación de Brasil en el encuentro del «State of the World Forum»*. Nueva York.

16 Orwell, G. (1945). *La rebelión en la granja*. Editorial Destino. España.

en base a constataciones científicas y a objetivos de solución de los problemas ambientales.

Tal vez el viejo paradigma de «pensar localmente» aún sea válido y esté muy vigente ante la generalización de los problemas ambientales que afectan a grandes regiones de la biosfera. Si las causas de estos problemas ambientales son individualizables mediante la identificación de las emisiones al ambiente que los provocan, podremos trabajar en la prevención y control de esas emisiones. Si en última instancia los problemas ambientales globales son provocados por los efectos acumulativos, indirectos y sinérgicos de estas emisiones puntuales, lo más efectivo sigue siendo su abordaje en este nivel.

Estas emisiones son efluentes líquidos, residuos sólidos, humos, ruidos y vibraciones, consumos de agua y energía. Pensar localmente no es otra cosa que el diseño de herramientas de gestión, la adaptación tecnológica, la promoción de las mejores prácticas disponibles, el desarrollo de normativas ambientales y otras estrategias que deben ser pensadas en función de las necesidades y posibilidades locales.

Al poder identificar con precisión donde se localizan las causas, queda claro que es ahí donde se debe gestionar el ambiente, mientras que los problemas ambientales globales se dirimen más en una órbita política internacional y económica, donde la preservación ambiental es apenas uno de los intereses en pugna, usualmente no el más poderoso. De hecho, muchos protocolos y convenciones internacionales suelen generar un gran despilfarro de recursos, con escasos e ineficientes resultados en la solución de los problemas ambientales concretos.

Hasta ahora hemos argumentado que la globalización es una mala estrategia para enfrentar los problemas ambientales, que más allá de la discusión respecto a la magnitud y a las predicciones de los problemas ambientales globales, la problemática ambiental tiene un carácter fundamentalmente local y es en este ámbito donde se deben concentrar los esfuerzos. Las medidas más efectivas serán las que respondan a estas necesidades, es decir que sean diseñadas, planificadas e instrumentadas en función de las condiciones específicas del lugar o de la comunidad. Pero la solución no es «bajar» mecánicamente las estrategias globales al ámbito local, sino pensar localmente: identificar los problemas, evaluarlos y diseñar las soluciones en función de las condiciones locales. Por supuesto, apoyándose en cuanta herramienta y marco (global o local) haya disponibles.

Con frecuencia vemos cómo las acciones locales son reproducciones en miniatura de las estrategias globales: antes y después de un foro mundial se organizan foros locales (de preparación y ejecución de los acuerdos), ante campañas mundiales de concienciación se instrumentan campañas idénticas en cada localidad, etc. Los foros, los talleres y las campañas de concienciación son instrumentos muy útiles, siempre que respondan a la evaluación de los problemas ambientales concretos que aquejan a cada grupo.

Sea cual sea el área de los temas ambientales en que tengamos que actuar, estaremos avanzando a tientas si nuestras acciones no responden a una identificación y evaluación metodológicamente rigurosa de sus causas concretas. Hemos comentado que es frecuente ver ciudades del tercer mundo con problemas socioeconómicos y sanitarios tremendos donde es urgente asegurar que los residuos sólidos sean alejados de los vecinos para prevenir enfermedades; muchas de estas ciudades poseen grandes áreas degradadas en la periferia, disponibles para la instalación de rellenos municipales, por lo que la mejor solución es un sistema seguro de recolección y disposición controlada en rellenos de seguridad para que los residuos se dispongan lejos de la población y no sean causa de enfermedades para las personas más pobres, y no necesariamente clasificar los residuos en cada casa. Sin embargo en los países europeos, con una arraigada cultura de clasificación domiciliaria de residuos (de donde se inspiraron muchos tomadores de decisión de gobiernos del tercer mundo), el sistema de gestión de residuos seguramente sí fue desarrollado en base a una evaluación rigurosa de sus problemas: muy poco espacio, alta densidad de población, alto valor de la tierra, alto consumo por habitante, entre otras características. Esto no significa que los países del tercer mundo no deban clasificar sus residuos, solo quiere decir que se deben establecer las prioridades en función de sus propios problemas: primero que se cuente con un sistema de recolección eficiente y rellenos de seguridad bien gestionados, y recién después, cuando los residuos no sean un riesgo inminente para la salud de los vecinos, que se piense en las bolsitas de colores.

En definitiva, los problemas ambientales incluyen la localización en su definición, por lo que su abordaje necesariamente se debe «geo-referenciar». Una formulación espacialmente inespecífica, casi abstracta de los problemas ambientales, solo dificulta su abordaje práctico.

EL RIESGO REAL Y LA PERCEPCIÓN DEL RIESGO

Cuando hablamos de *problemas ambientales globales* nos referimos principalmente a la probabilidad de que los eventos catastróficos pronosticados ocurran y a la magnitud de sus daños. Esto no es otra cosa que el concepto básico de *riesgo*: la *probabilidad* de que el evento no deseado se produzca y la *magnitud* del daño que provocará. Es decir que debido al carácter sobre todo de predicción, al hablar de problemas ambientales globales estamos hablando de riesgos ambientales (tal vez más que de impactos ambientales). Por lo tanto, discutiremos algunos aspectos vinculados a los riesgos ambientales.

Al evaluar los riesgos de explosión de una central nuclear de última generación veremos que con los controles y el desarrollo tecnológico actual es muy poco probable que explote; no obstante, los daños en caso de un accidente pueden ser de gran magnitud. Así, el riesgo asociado a la explosión de la central, determinado por el producto de la probabilidad por la magnitud, resultará ser medio (probabilidad baja x daño alto). Sin embargo, usualmente en la evaluación de riesgos ambientales para proyectos que provocan gran aprehensión en la población, se pondera más la magnitud, de forma que cualquier posible accidente sea considerado.

Pero la evaluación de riesgos enfrenta serios problemas metodológicos. Veamos algún ejemplo sencillo: si evaluamos el riesgo de muerte por consumo de moluscos frescos en el Pacífico Sur, veremos que las mareas rojas son un evento frecuente y que algunas de ellas presentan una neurotoxina letal para el ser humano aun ingiriendo una cantidad pequeña de moluscos. Al completar la ecuación: probabilidad de ocurrencia de la marea roja en el área de estudio por severidad del daño en caso de ingerir los moluscos en ese momento, obtendremos un riesgo de muerte elevado (probabilidad alta x daño alto).[17]

Así obtenemos que el riesgo para la vida de cada persona es mayor por ingerir moluscos frescos en el Pacífico que por vivir cerca de una central nuclear; sin embargo, cualquier persona normal preferiría comer ceviche en una playa del Pacífico a vivir al lado de una central nuclear. Y aquí comienza el problema: la percepción de los riesgos por parte del público tiene poco que ver con el riesgo real.

Del mismo modo, un derrame menor de hidrocarburos en una zona costera provoca temor, alarma y sensación de riesgo (ni que hablar si algún pingüino resulta empetrolado), mientras que un vertido permanente de aguas cloacales sobre la misma costa resultará poco menos que indiferente, aunque los riesgos ambientales asociados a las aguas cloacales sean mayores que los del derrame ocasional y pequeño de petróleo. La lista de ejemplos sería interminable, pero solo nos interesa esquematizar el hecho de que, en contraposición a la estimación del riesgo basada en probabilidad y magnitud, en la percepción de los riesgos ambientales por parte del público inciden muchos factores, entre otros:

- Disponibilidad inmediata de recuerdos de efectos negativos asociados a riesgos similares;
- capacidad de control sobre el proceso o actividad generadora del riesgo;

17 Matteucci, S. *et al* (1998). *Sistemas ambientales complejos: Herramientas de análisis espacial.* Editorial Eudeba. Buenos Aires.

- ▶ carácter natural o antrópico del evento generador del riesgo;
- ▶ novedad y conocimiento del proceso y de los riesgos que implica;
- ▶ relación costo-beneficio entre el riesgo a asumir y los beneficios del proceso;
- ▶ posibilidad de elección respecto a asumir el riesgo o no;
- ▶ vulnerabilidad de las poblaciones afectadas, principalmente niños;
- ▶ confianza en las autoridades y en los responsables del proceso;
- ▶ equidad en la distribución de los efectos negativos.

La capacidad de comunicar un riesgo de diferentes formas y de incidir en estos factores subjetivos se torna determinante en la percepción del riesgo por parte del público. Por lo tanto, el manejo de estos factores hace oscilar la percepción del riesgo desde el «sesgo de optimismo» hasta el «sesgo de indignación».

Veamos como funciona este proceso de percepción del riesgo. Ante un determinado peligro, el primer juicio surge a partir de los recuerdos. En el ejemplo anterior (central nuclear versus consumo de moluscos), cuando a alguien le mencionan una central nuclear los recuerdos disponibles estarán asociados al desastre de Chernóbil y no a energía limpia; mientras que cuando le mencionen el consumo de mejillones en el Pacífico Sur pensará en vacaciones y naturaleza y no en un paro cardiorrespiratorio. Este mecanismo de juicio inicial en base a los recuerdos o imágenes más accesibles, al margen de que nos lleven a decisiones totalmente equivocadas, es llamado por los expertos *heurística de la disponibilidad*.[18]

La heurística de la disponibilidad puede hacer que se perciba un riesgo mayor en sucesos objetivamente de baja probabilidad, por

---

18 Schauer, F. (2005). «La Categorización, en el mundo del derecho». *DOXA, Cuadernos de Filosofía del Derecho*, 28.

efecto de los recuerdos o de la imaginación. Este es el origen, por ejemplo, de las falsas concepciones y decisiones que la gente adopta en relación con los riesgos naturales.[19]

Pero si una persona comunica a sus vecinos su temor por la posible instalación de la central nuclear, catalizando el proceso y despertando en éstos el temor, se irá generalizando la preocupación y los pocos que piensen distinto se sentirán inhibidos de discrepar. Ante la alarma pública, los medios de comunicación comenzarán a cubrir el tema y frente a esta conmoción mediática los políticos tomarán cartas en el asunto y generarán normas y regulaciones para ese riesgo, sin considerar su relevancia verdadera.

Más aún, si entonces quedan todavía vecinos no convencidos de la significatividad del riesgo, es bastante probable que comiencen a dudar. Pensarán: «Si todos mis vecinos, los diarios y la TV alertan sobre el peligro y si además el tema preocupa a los gobernantes, seguramente yo esté equivocado y la situación sea para preocuparse». Así podemos llegar en la práctica a un temor unánime respecto a algo que objetivamente no debería generar mayor preocupación. A este efecto dominó los expertos llaman *cascada de la disponibilidad*.[20]

Lo dicho se podría resumir crudamente en que la evaluación de riesgos realizada por expertos es analítica, objetiva, probabilística y basada en hechos, mientras que la evaluación de los mismos riesgos hecha por el público (con ayuda frecuente de los medios de comunicación) es subjetiva, hipotética, emocional y esencialmente irracional.

La solución práctica que muchos expertos proponen para dirimir esta brecha entre riesgo real y percepción del riesgo es el análisis de costo-beneficio. Esta estrategia requiere considerar de forma integral todos los costos ambientales de una determinada decisión y los costos

---

19 Clop i Gallart, M. (2000). *Sistemas de ayuda a la modelización de la producción en la empresa agraria*. Universitat de Lleida. Tesis Doctoral, Escola Técnica Superior D'Enginyeria Agrária. España.

20 Sunstein, C.R. (2006). *Op. cit.*

ambientales de no tomarla; de la misma forma, deben considerarse los beneficios para el medio de tomar la decisión y de no tomarla, entendiendo como decisión cualquier intervención humana (emprendimiento, proyecto industrial, alternativa tecnológica, etc.). La técnica de costo-beneficio no es una solución infalible ni mucho menos, ya que la toma de decisiones implicará asumir costos que en muchos casos son inaceptables (la extinción de una especie, la muerte de algunas personas), pero permitirá asumir los riesgos con la certeza de las consecuencias que estos implicarán.

En muchas ocasiones la comunidad tiene una percepción distorsionada de los riesgos ambientales, pero al evaluar los costos asociados a oponerse a determinada decisión y los beneficios de apoyarla cambia sustancialmente su percepción del riesgo y su posición ante el problema. En el ejemplo anterior, cuando la comunidad debe decidir si asumirá los riesgos de instalación de la central nuclear, también deberá conocer los riesgos asociados a no instalarla. Deberá saber como se generará la energía eléctrica de no contar con la central y hacerse otra serie de preguntas: ¿cuál será el costo de la energía producida de esa otra forma?, ¿se encarecerá?, ¿repercutirá en la tarifa a los consumidores y a las industrias?, ¿influirá en la competitividad local y en los niveles de empleo?, ¿cuáles serán los impactos ambientales asociados a los equipamientos sustitutos para satisfacer la creciente demanda energética? En última instancia, como dijimos, deberá conocer los costos de no instalarla. Esto no implica que la comunidad tenga que estar a favor o en contra de la instalación de la central nuclear; significa que una evaluación rigurosa de los costos y los beneficios le permitirá tomar las decisiones que le sean más convenientes. Más adelante volveremos sobre el ejemplo Chernóbil y sus impactos ambientales.

Si no se realiza un análisis costo-beneficio detallado, es posible que solo estemos considerando los costos ambientales de la «emisión», sin tener en cuenta cuán grandes pueden ser los costos ambientales de la «no emisión». Además, este trato desigual genera una desproporción en los temores de una población mal o parcialmente informada: conoce y magnifica los riesgos de una parte pero desconoce los de la otra.

La complejidad en la evaluación de los riesgos ambientales no radica únicamente en que su percepción es en esencia subjetiva sino en que las condiciones específicas de exposición al riesgo (predisposición, vulnerabilidad, etc.) son siempre distintas y muy difíciles de desentrañar, son únicas de cada ecosistema, de cada comunidad en particular. Por estos motivos la tendencia actual es a centrar la atención en la gestión de los riesgos más que en su evaluación exhaustiva. Es decir que contando con la información básica como para la toma de decisiones se comenzará la gestión de los riesgos, sin la necesidad de una evaluación completa y consensuada (cosa que difícilmente ocurrirá).

No debemos olvidar que los recursos disponibles para abordar los problemas sociales son siempre limitados, por lo que cuando una sociedad invierte recursos en la solución de un problema seguramente estará postergando la solución de otros problemas. Esta situación, que obliga a ser eficientes en la administración de los recursos públicos, es perfectamente aplicable al abordaje de riesgos ambientales. Si una sociedad decide eliminar los riesgos ambientales asociados a los plaguicidas y prohibir su uso, deberá afrontar los costos asociados a esta decisión (para poder mantener sus niveles de producción agrícola, para enfrentar enfermedades transmitidas por insectos, entre otros costos), y estos recursos económicos limitados no podrán ser invertidos en otras áreas prioritarias como la educación o la salud.

Algunas de las preguntas que el análisis de costo-beneficio nos invita a responder para decidir que riesgos asumir y que riesgos regular, son: ¿qué nivel de riesgo real se evitaría con la regulación propuesta? Para el ejemplo anterior, estudios científicos concluyen que de beber durante toda la vida agua que contenga plaguicidas dentro de los límites que establecen las normas legales de la mayoría de los países, el riesgo de morir de cáncer es inferior a 1 en 1.000.000, similar al riesgo de morir por fumar 1,4 cigarrillos en toda la vida. Entonces cabe preguntarse: ¿Sería razonable asumir los costos de prohibir los plaguicidas o sería una inversión más inteligente combatir el cigarrillo, ya que cada fumador consume decenas de miles de cigarrillos en su vida?

Seguramente la forma más razonable de administrar los recursos públicos sería regular el uso de plaguicidas (prohibir la aplicación masiva por aeroplanos, exigir el perforado y triple lavado de envases, prohibir la carga de cisternas directamente desde cuerpos de agua, entre otras medidas) y controlar el cumplimiento de los estándares para agua y suelo exigidos en las normas legales. De esta forma se minimizarían los riesgos para el ambiente y las personas, conservando las ventajas que el uso de plaguicidas proporciona para la producción, y existiría una disponibilidad de recursos no malgastados en una prohibición indebida y que podrían ser asignados, por ejemplo, a la lucha contra el tabaquismo.[21]

Un panel de economistas de primer nivel mundial (el Consenso de Copenhague) analizó en profundidad los impactos sociales y ambientales de distintas inversiones globales y sus resultados evidencian la ineficacia de la mayoría de las inversiones ambientales. Por ejemplo 27.000 millones de dólares invertidos en prevenir el SIDA salvarán cerca de 28 millones de vidas, mientras que la mayoría de las inversiones en reducción de emisiones de CO_2 se basan en hipótesis de tal fragilidad que no se puede aseverar que salven alguna vida. Algo similar ocurre con las inversiones directas en agua y saneamiento, que en los países del tercer mundo salvarán más vidas y ecosistemas que ese mismo dinero invertido en la reducción de gases de efecto invernadero. Pero a la cabeza del ranking se encuentra la eliminación de los subsidios agrícolas en los países desarrollados, lo que a juicio de estos economistas (entre los que se encuentran varios premios Nobel), tendría el mayor impacto positivo en el desarrollo y la eliminación de la pobreza en el tercer mundo.[22]

---

21 Tengs, Tammy O. y John D. Graham. (1996). «The Opportunity Costs of Haphazard Social Investments in Life-Saving», en Robert W. Hahn (ed.), *Risks, Costs, and Lives Saved: Getting Better Results from Regulation*. Nueva York y Oxford: Oxford University Press; Washington, DC: The AEI Press.

22 Lomborg, B. (2008), *En frío. La guía del ecologista escéptico para el cambio climático*. Editorial Espasa, España.

De ninguna manera esto significa que se deba invertir menos en ambiente; quiere decir que se debe invertir en riesgos reales y no en los que los medios de comunicación o distintos grupos de interés promocionen. Los riesgos ambientales reales están asociados a los residuos sólidos con distinto grado de peligrosidad, al vertido de efluentes industriales a cursos de agua, a las emisiones atmosféricas de industrias y centrales térmicas, entre muchos otros.

AMBIENTALISMO Y RIESGOS AMBIENTALES

El ambientalismo de los años setenta iniciado por Rachel Carson con la publicación del libro *Primavera silenciosa*[23] (más allá de los errores e imprecisiones que tiene esta «biblia del ambientalismo») constituyó un avance sustancial para las luchas por la preservación ambiental, principalmente en países desarrollados, que sufrían las consecuencias de sus modelos de producción y de sus hábitos de consumo insostenibles. Seguramente salvó miles de vidas y funcionó como un disparador para la conciencia colectiva, respecto de la necesidad de proteger el medio ambiente. El mayor valor de ese movimiento ambientalista incipiente radicó en la sensibilización de la sociedad por las relaciones entre las personas, la naturaleza y el desarrollo.

El ambientalismo ha defendido muchas causas justas y algunas de sus posturas han generado beneficios, pero obviamente esto no nos habilita a seguir todas las denuncias y predicciones sin un estudio pormenorizado. De hecho también ha tenido un papel decisivo en la fabricación de temores independientemente de los riesgos reales.

Pese a su origen de denuncia de situaciones de degradación ambiental, el ambientalismo como movimiento social y de pensamiento no desarrolló una propuesta metodológica para decidir con acierto «a qué oponerse y en qué medida». Por el contrario, se desarrolló como un movimiento reaccionario basado en premisas falsas. Veamos esto con mayor detalle.

---

23 Carson, R. (2005). *Primavera silenciosa*. Editorial Crítica S.L., Biblioteca de Bolsillo, 1ª Edición, 1962. Barcelona.

El movimiento ambientalista basa su acción en la existencia de una crisis ambiental de escala planetaria y en la lucha por restablecer relaciones equilibradas y de respeto entre el hombre y el ambiente. Pero profundicemos en ambas premisas fundacionales y veremos que son falsas: ni estamos viviendo una crisis ambiental ni alguna vez existieron relaciones de respeto y equilibrio entre el hombre y el ambiente a las que se pueda retornar.

Según Manuel Arias Maldonado,[24] la fantasía de «volver a la naturaleza», que pasó de ser un eslogan a ser un verdadero objetivo político, entraña la oposición a cualquier cambio que supuestamente nos alejaría más de esas relaciones idílicas entre el hombre y su entorno. Pero las relaciones en la naturaleza no son de equilibrio ni de respeto, ni las consideraciones éticas están presentes en el relacionamiento de las especies, a excepción del hombre (y no en todas las culturas). Más aún, sí son parte de la naturaleza humana el cambio, la transformación permanente, el riesgo, la incertidumbre, la conquista de lo desconocido. Esto no justifica la destrucción del ambiente, por el contrario es imprescindible construir un relacionamiento sustentable con el entorno, pero la diferencia no es menor: construir implica el futuro, retornar implica el pasado. No hay una naturaleza a la que retornar, hay una naturaleza por construir. Esta visión ubica al hombre como protagonista del ambiente y no como un espectador pasivo.

En segundo lugar está la premisa, aún más peligrosa, de la crisis ambiental de escala planetaria que ya hemos mencionado. Cuando hablamos de crisis nos referimos a una situación puntual, de quiebre, a una mutación brusca que, a diferencia de los cambios graduales y permanentes, tendrá como desenlace el retorno al estado previo o la emergencia de una situación nueva sustancialmente distinta. Pero la transformación gradual y continua no es una crisis sino lo contrario, es una tendencia. Desde la década de 1970 el movimiento ambientalista anuncia la crisis ambiental que tendrá consecuencias

---

24 Arias Maldonado, M. (2008). *Sueño y mentira del ecologismo. Naturaleza, sociedad, democracia.* Editorial Siglo XXI. España.

catastróficas para las futuras generaciones. Aunque esta crisis terminal nunca llega, el pronóstico se renueva impunemente sin ningún tipo de autocrítica o al menos de revisión.

Pero hablar de crisis ambiental no es un inocuo error semántico, es una definición que condiciona profundamente la acción. Ante una situación de cambio paulatino se podrán adoptar medidas de gestión consensuadas, en un marco institucional, pero ante una supuesta crisis que amenaza no solo a la vida actual en el planeta sino también a las futuras generaciones, las medidas serán extremas: se admitirá un manejo excepcional, prescindiendo de las debidas constataciones científicas, de alcanzar acuerdos, no habrá posibilidad de atender voces disidentes. Esa supuesta situación de urgencia y de excepcionalidad habilitará al ambientalismo a una acción autoritaria, en ocasiones lindante con el terrorismo.

De acuerdo con Arias Maldonado, la principal patología del ecologismo ha consistido en el rechazo sistemático del «principio de realidad», que le ha permitido mantener intacta su fe en el retorno a una naturaleza que nunca ha existido y en una crisis ambiental que nunca llega.

Así se ha ido construyendo un movimiento multinacional aparentemente basado en una ideología de protección de la naturaleza, pero que tiene la particularidad de no perseguir una utopía de futuro sino una utopía de pasado, de retrospección, y basado en premisas equivocadas, lo que lo convierte en un movimiento esencialmente conservador, reaccionario a los cambios y autoritario ante la disidencia.

Y un elemento adicional que empaña a las organizaciones ambientalistas globales (WWF y Greenpeace, entre muchas otras) es la estrecha vinculación de algunos de sus directivos con corporaciones responsables de los más terribles desastres ambientales (la planta de Bhopal en India, que tuvo una fuga de gas en la que murieron más de 10.000 personas, o Exxon, propietaria del buque *Exxon-Valdez* que contaminó 1.600 kilómetros de costa en Alaska). Estas vinculaciones existen desde el inicio del movimiento ambientalista pero se acrecentaron cuando algunas ONG del primer mundo adquirieron alcance mundial y comenzaron a tener una filosofía cada vez más parecida a la de una corporación multinacional.[25]

Es usual que se asocie al movimiento ambientalista con un pensamiento de izquierda, pero esto es un grave error: las grandes organizaciones ambientalistas suelen funcionar como cualquier multinacional, no tienen ideología de izquierda ni de derecha sino que se deben al mercado. Y si bien el movimiento ambientalista es el resultado de distintas vertientes de acción y de pensamiento, es particularmente interesante el análisis que hace Jorge Orduna,[26] del eugenicismo para comprender la influencia que éste tuvo sobre varias corrientes conservacionistas, a lo largo del siglo XX.

La gran mayoría de las organizaciones ambientalistas pertenecen a países desarrollados. De las pocas originarias del tercer mundo, la mayoría depende económicamente de las del primer mundo, funcionan casi como franquicias. Así que si bien no es correcto asociar una ideología al movimiento ambientalista, si es cierto que depende de financiamientos de los países ricos y esto es un condicionamiento claro para los intereses que representa. En otras palabras, el ambientalismo es un movimiento del primer mundo, con sucursales criollas, que como tantos otros movimientos contribuye a consolidar valores e intereses de los países desarrollados a lo largo de todo el tercer mundo.

De más está decir que esto no es absoluto. Como en cualquier fenómeno social, en el ambientalismo existen organizaciones de base muy bien intencionadas, y sobre todo muchos activistas en todo el mundo que sinceramente militan para mejorar el relacionamiento del hombre con su entorno. De hecho, en ocasiones los grupos ambientalistas presentan intereses sectoriales legítimos; el problema es que los presentan como si fueran derechos universales, que no solo no son

---

25 Orduna, J. (2008). *Ecofascismo: Las internacionales ecologistas y las soberanías nacionales*. Editorial Planeta. Buenos Aires.

26 *Ibid.*

representativos de la mayoría de la comunidad sino que únicamente evalúan riesgos y daños y omiten beneficios. Hacen énfasis en un solo plato de la balanza introduciendo un sesgo de pesimismo que los aleja rápidamente de la realidad. Una promoción exagerada de los costos ambientales omitiendo totalmente los beneficios los lleva a promover decisiones equivocadas. Actualmente, pese a aparentar lo contrario, el movimiento ambientalista suele tener una visión de corto plazo, ya que frecuentemente no evalúa las consecuencias que puede acarrear que sus actos tengan éxito.

La lucha ambientalista contra los plaguicidas constituye un ejemplo ampliamente difundido de esta parcialización en el análisis de costos y beneficios. La oposición dogmática a los plaguicidas en general, sin discernir entre los distintos principios activos, llevó al movimiento ambientalista a estructurar un discurso equivocado y sin posibilidades de éxito. Y es que en un balance global, los plaguicidas han contribuido a incrementar la esperanza de vida en los países en vías de desarrollo, evitando incluso la muerte de decenas de millones de personas; han permitido el control de plagas hasta entonces letales para los humanos y devastadoras para los cultivos, así como el abaratamiento de la producción de alimentos ayudando a enfrentar la desnutrición en bastas regiones del planeta. Metodológicamente, lo adecuado es eliminar aquellos principios activos que provocan impactos severos sobre la salud y el ambiente y reglamentar el uso de los otros. Sin embargo, campañas sustentadas en experimentación deficiente (y en ocasiones fraudulenta) han desbalanceado la toma de decisiones de tal forma que un posible caso de cáncer pese más que evitar la desnutrición endémica de millones de personas.

Muchas alarmas por la toxicidad de los plaguicidas sintéticos se basan en experimentación con pequeños animales, que no solo tienen una biología totalmente distinta a la de los seres humanos, sino que se los somete a dosis decenas de miles de veces más concentradas que las que podemos encontrar en un alimento. Así y todo, realizando experimentos poco representativos de los riesgos reales de contraer una enfermedad por consumo de alimentos tratados con plaguicidas, los resultados obtenidos con esos experimentos no han permitido extraer conclusiones respecto a la toxicidad para los humanos de los plaguicidas autorizados.[27] Sin embargo, ¿quién puede negar que exista una percepción negativa respecto a los riesgos para la salud y el ambiente, asociados al uso de plaguicidas? Esta percepción de los riesgos se debe en gran medida a la construcción de temores mediante inteligentes campañas mediáticas.

La prohibición a nivel mundial del DDT, el principal insecticida para controlar el mosquito transmisor de la malaria (luego de demostrados sus daños sobre el ambiente y la salud) fue un triunfo muy celebrado por el movimiento ambientalista mundial, sobre todo en Europa y EE.UU., donde la malaria no provoca la muerte de decenas de miles de niños cada año, como sí ocurre en África, donde difícilmente hayan celebrado con tanto entusiasmo este «logro». Sin embargo cuando una peste amenaza en forma inminente a poblaciones en Europa o EE.UU., se aplican los plaguicidas necesarios para erradicar la amenaza y asegurar la vida de las personas, sin prestar demasiada atención a los daños secundarios sobre el ambiente que podrá ocasionar el principio activo del plaguicida aplicado. Entonces sí tienen bien claro que, a diferencia que en África, la prioridad son las personas.

En realidad lo que hacen esos países desarrollados ante una situación de amenaza extrema es un análisis de costo-beneficio para tomar la decisión de usar o no determinado plaguicida. Mientras, el movimiento ambientalista en su mayoría presiona para la prohibición de plaguicidas en África sin la debida evaluación de los costos y los beneficios de esa decisión. Pero lamentablemente una ONG ambientalista del primer mundo tendrá mucha más influencia en los ámbitos de toma de decisión que millones de africanos pobres.

---

27 Lomborg, B. (2008). *Op. cit.*

Si bien constituye una enorme ingenuidad adjudicar a la tecnología los daños ambientales y desconocer el papel de los modos y relaciones de producción en el deterioro de la biosfera, es cierto que una forma de aplicación de la tecnología (principalmente en la agricultura) nos trajo hasta el borde del precipicio, provocó el deterioro ambiental y la desaparición de ecosistemas naturales más acelerados de la historia de la humanidad. Pero no será renegando de la tecnología y aplicando técnicas productivas primitivas que podremos mantener a 9.000 millones de habitantes dentro de 50 años. No los podremos alimentar con agricultura orgánica ni calefaccionar con paneles solares. Por el contrario, es imprescindible controlar esa tecnología, profundizarla y promover su desarrollo al servicio de una integración sostenible de la población humana y el ambiente.

Otro ejemplo alarmante de cómo se establecen medidas extremas sin evaluar los costos y los beneficios ambientales lo constituye la prohibición de los envases plásticos no retornables (principalmente bolsas plásticas de los supermercados y botellas de bebidas) que es promovida por organizaciones ambientalistas y se está discutiendo en gobiernos y parlamentos de muchos países.

Hace algún tiempo un grupo de parlamentarios nos pidió que evaluáramos un proyecto de ley de prohibición de envases plásticos no retornables, que estaban preparando para ingresarlo en la cámara de representantes. En la exposición de motivos hacían referencia a la contaminación provocada por los millones de bolsas plásticas y las botellas de agua y refrescos, dispersas por el ambiente.

Obviamente no habían pensado con que sustituir esas botellas y esas bolsas. Entre los argumentos que plantearon estaba «que cada uno lleve su propia bolsa al supermercado», «volver a las botellas de vidrio», «cambiar los hábitos de consumo de la población».

Considerábamos que sus argumentos eran tan razonables como que por la acumulación de chatarra los romanos hubieran prohibido los cascos y los escudos metálicos en todo el imperio (las colonias estarían de fiesta), o en un ejemplo más actual, que ante el incremento de los accidentes automovilísticos podríamos prohibir los autos. Pero no nos atrevimos a proponerles comparaciones como éstas, sino que los invitamos a realizar un análisis de costo-beneficio de la regulación propuesta.

Rápidamente surgió en la discusión el hecho de que las bolsas de supermercado han resultado ser cómodas para los consumidores y que seguramente el mercado ofrecerá un sustituto. Ese sustituto seguramente será el papel, así que deberíamos pensar en la proliferación de las plantas de producción de celulosa (industria que puede ser altamente contaminante), el incremento en la presión sobre los bosques para producir papel y, sobre todo, que pese a la creencia popular las bolsas de papel no necesariamente son más biodegradables que las de nylon. Estuvimos tentados de proponerles que prohibieran el papel.

Respecto a las botellas de plástico sucedió algo similar: al evaluar la diferencia de peso entre dos botellas de 1 litro (una plástica y una de vidrio) descubrieron que la eficiencia en el transporte de bebidas con botellas de plástico era enorme. Para transportar la misma cantidad de bebidas en botellas de vidrio habría que hacer muchos viajes más, generando más emisiones atmosféricas provocadas por camiones consumiendo más combustibles, reponer los neumáticos más frecuentemente generando residuos peligrosos, etc. Pero además las botellas de vidrio serían retornables, a diferencia de las de plástico habría que lavarlas con agua potable, consumiendo grandes cantidades de agua muy limpia y luego vertiéndola en forma de efluentes líquidos…

Todos estos elementos ambientales no habían sido considerados y, de golpe, los autores del proyecto de ley se encontraban haciendo un análisis de costo-beneficio, pidiendo a sus asesores informes de consumo de energía, de balances de masa y, en definitiva, haciendo gestión ambiental, buscando no soluciones extremas sino las mejores soluciones, sin dogmatismos. Una de las propuestas que se materializó a la luz de ese ejercicio fue un excelente programa de recolección y reciclado de botellas plásticas, que implica la fabricación de blíster, rellenos para ropa de abrigo. En cuanto a las bolsas, se exige a los fabricantes o importadores una biodegradabilidad mínima y se realizan pruebas y controles de calidad. Sin dudas son necesarias las regulaciones sobre el uso de materiales y la disposición de residuos sólidos, pero la prohibición en muchos casos es una medida poco inteligente.

La propuesta de estos parlamentarios era bien intencionada pero estaba totalmente contaminada por el discurso ambientalista de oponerse al plástico, que no es otra cosa que negar uno de los avances más importantes del siglo XX. Esta visión muestra el conservadurismo propio del movimiento ambientalista, es la utopía de regreso al pasado, a cuando éramos niños y nuestras madres iban a hacer las compras con una bolsa de red y el lechero dejaba un par de botellas de vidrio en nuestra puerta. Pero el regreso a ese pasado idílico (del vidrio y del papel) con los niveles de consumo actuales, con la incorporación de China e India (y ojalá que África) a los servicios y bienes de consumo, sería catastrófico para el ambiente. Lo que subyace en esta utopía negativa es la postura de que no todos tienen derecho a regresar a ese pasado, que las cosas queden como están, que los que llegaron primero al primer mundo (no importa cómo) son seres humanos de primera y los demás que vean como se resuelven. Es interesante la similitud de estas posturas con el eugenicismo y el neo-maltusianismo.

Sus partidarios se basan en la idea de que la población tiende a crecer más rápidamente que los medios para solventarla. Esto ocasiona una lucha por esos medios, «una lucha por la vida» donde sobreviven los más aptos. En la lucha por los recursos (el alimento) los que tienen una ventaja heredada prevalecen y pasan esta ventaja a sus hijos, que prevalecen aún más. Se genera así una división entre los seres humanos, una desigualdad donde hay inferiores (los menos adaptados) y superiores (los que han venido durante generaciones heredando y ampliando su superioridad).[28]

El discurso y las reivindicaciones del movimiento ambientalista tienen su origen en el primer mundo, en un primer mundo culto, a veces aristocrático, con un nivel de vida tal que puede prescindir del nylon y de los plaguicidas, un discurso que defiende sus intereses de los bárbaros que pretenden saquearlos, un discurso «ecológico neocolonial», un discurso que nos propone no industrializarnos y consumir menos para ser más naturales. Lamentablemente, es un discurso que cala en sectores bien intencionados y muy mal informados del tercer mundo.

Tanto para los plaguicidas como para las bolsitas plásticas, o la toma de muchas otras decisiones asociadas al ambiente, el enfoque más adecuado implicará un análisis de costo-beneficio, de todos los matices existentes entre el uso indiscriminado y la prohibición absoluta. Esto seguramente nos lleva a plantear que las posiciones extremas son erradas: ni nos debemos oponer a cualquier plaguicida ni debemos aceptarlos todos, y aquellos que aceptemos deberán ser regulados (manejo, aplicación, residuos, etc.).

Los riesgos de distorsión de una disciplina científica por la militancia política (de las ciencias ecológicas al ecologismo, de las ciencias ambientales al ambientalismo) se acrecientan cuando se trata de un «ambientalismo global». Las ONG dedicadas a los problemas ambientales van perdiendo independencia y objetividad en la medida en que la gran mayoría de sus fuentes de financiamiento están asociadas a una serie de problemas acordados por los gobiernos del mundo (calentamiento global, pérdida de biodiversidad, agujero en la capa de ozono, etc.). El ambientalismo global como movimiento político-social juega un rol distorsionador en la percepción de riesgos ambientales, promoviendo temores a desastres ambientales como si fueran certezas, habiendo evaluado parcial y sesgadamente los problemas sobre los que

---

28 Orduna, J. *Op. cit.*

pretende incidir. La omisión consciente de las probabilidades en temas ambientales se acerca bastante al desprecio por la verdad, y cuando ese desconocimiento de los datos científicos es parte central de una ideología, se puede llegar a extremos casi patológicos.

El científico J. Lovelock resume esta actitud de desprecio por la verdad de muchos grupos ambientalistas con la frase «No me molesten con datos, yo ya tengo una opinión formada…».[29]

Se desarrolla una buena predicción catastrófica y en base a ella se manipula el principio precautorio, que aplicado al medio ambiente significa que *cuando la incertidumbre o el desconocimiento abarcan aspectos críticos para asegurar la preservación ambiental, es recomendable la no intervención en lugar de una intervención que significará riesgos ambientales inadmisibles*. Este principio no solo es relevante: en ocasiones es imprescindible. Por ejemplo, ante intervenciones que provocarán transformaciones irreversibles en el ambiente es necesario contar con garantías de la inocuidad ambiental, o de lo contrario será conveniente profundizar estudios antes de actuar. Pero el principio precautorio debe ser una herramienta de sólido sustento científico y no una justificación para la fabricación de miedos y extorsiones con los posibles impactos, desatendiendo totalmente las probabilidades de que los eventos se produzcan, que es lo que algunos autores han llamado el *ecofascismo*.

SEAMOS TODOS AMBIENTALISTAS

Si el ambientalismo implicara una actitud vigilante de cuidado del ambiente y de responsabilidad en el desempeño de las actividades sobre las que tenemos control, todos deberíamos ser ambientalistas. Pero aceptemos que ser vigilantes y ambientalmente responsables no es suficiente para ser ambientalistas, porque el ambientalismo implica una cosmovisión determinada, implica que esas acciones estén respaldadas por una ideología que entiende que el hombre es

---

29 Lovelock, J. (2007). *La venganza de la Tierra. La teoría de Gaia y el futuro de la humanidad.* Editorial Planeta.

un componente más del ambiente y no el centro de éste. Incluso en ese entendido, deberíamos ser todos ambientalistas.

Pero esta vigilancia y esta responsabilidad, aun esta cosmovisión ecocéntrica o biocéntrica, deben ser ejercidas en el marco de la legislación vigente, respetando no solo las normas legales sino siendo tolerantes respecto de la opinión diferente, y sobre todo, acatando la decisión de las mayorías. El ambientalismo debería ser entendido en el marco del estado de derecho y con las herramientas de ordenamiento jurídico e institucional que éste proporciona. Lo que podríamos llamar ambientalismo democrático.

Ahora, si el ambientalismo implica que las formas de manifestación genuinamente locales son usurpadas por un ambientalismo global que se autoproclama «representativo» y que se erige en defensor de los intereses de los desvalidos habitantes locales, por encima del ordenamiento jurídico, entonces nadie debería ser ambientalista. Si ejercer el ambientalismo implica que cualquier medio es válido para preservar el ambiente (aun cuando la mayoría de la población, los científicos y las instituciones opinen que el ambiente no está en riesgo), si en una suerte de iluminismo moderno se pueden imponer los intereses particulares, a veces en forma violenta, sobre los intereses generales y colectivos, incluso usurpando los legítimos intereses locales, entonces nadie debería ser ambientalista.

Podríamos identificar dos vertientes aceptables de acción social de tipo ambientalista para dirimir las diferencias y reclamos, que se podrían definir de la siguiente forma:

- Una objetiva, rigurosa, de base científica y sustentada en demostraciones. Esta vía no requiere de la aceptación directa de grandes mayorías, sino de la aceptación de expertos para su validación institucional (ambientalismo científico).
- Una subjetiva, basada en aspectos culturales, emotivos y en percepciones. Es una vía tan legítima como la anterior, siempre que la mayoría la acepte (ambientalismo democrático).

Lo que no parece aceptable es que sin contar con el respaldo técnico-científico ni con la legitimación de la mayoría, se imponga a la fuerza una forma determinada de dirimir el problema. Cuando el ambientalismo global usurpa los verdaderos derechos de una comunidad local e impone su voluntad en forma autoritaria bajo el amplio paraguas discursivo de la preservación ambiental, da la impresión de que ha ganado en soberanía y que se ha fortalecido la organización de base. Sin embargo, esta es una mirada desprevenida y la realidad dista mucho de un proceso de fortalecimiento local. En el largo plazo las instituciones democráticas son la mayor garantía con que cuentan las comunidades locales. Su desconocimiento o su aceptación, según conveniencias particulares, generan una situación bastante perecida a la barbarie: más temprano o más tarde, implica aceptar que intereses de otra índole avasallen los intereses locales.

Este comentario es válido para varios conflictos ambientales emergentes en distintos puntos del planeta, donde los cortes de rutas o puentes, las ocupaciones o los piquetes, llevados adelante por pequeños grupos, parecen herramientas legítimas cuando no se cuenta con argumentos científicos, con respaldo institucional o con apoyo de la mayoría de la población. Instalar estas reglas de juego, estos métodos de dirimir conflictos ambientales al margen de las instituciones, solo perjudica a los más débiles, a las comunidades locales, a los que mañana requerirán de ese ordenamiento jurídico como su mayor respaldo, pero ellos mismos lo habrán devaluado.

En oposición a lo anterior, más fuerte será una posición ambientalista cuanto más se apoye en bases científicas y en la legislación vigente. Una tarea principal de los ambientalistas honestos debería consistir en evaluar cabalmente los impactos específicos, evaluar las emisiones que causan esos impactos ambientales, identificar la legislación que pesa sobre esas emisiones y exigir su cumplimiento; es decir, bases científicas y apego a las leyes. La mayor responsabilidad del movimiento ambientalista tendría que ser la evaluación de los impactos ambientales y la búsqueda de propuestas de gestión que permitan la integración equilibrada del hombre a los ecosistemas que habita.

En definitiva, la humanidad entera debería ser ambientalista, por supuesto, pero basándose en evaluaciones rigurosas y preventivas de los impactos ambientales, con el respaldo de la legislación vigente, con la legitimidad de la opinión de la mayoría y utilizando herramientas de gestión ambiental.

La dualidad de fines es prácticamente una condición en el avance de los conocimientos humanos. Usados para fines benéficos esos conocimientos nos emancipan como civilización, nos hacen más libres, más aptos, pero usados con fines destructivos nos arriesgan, nos barbarizan.

El dominio de la energía nuclear es un avance fantástico del conocimiento humano, pero puede tanto liberarnos de los combustibles fósiles y sus emisiones como causar una guerra nuclear. Los productos de síntesis para controlar plagas son otro avance enorme del conocimiento humano, pero pueden servir para eliminar el hambre en vastas regiones del planeta o para envenenarlo.

La resolución de esta disyuntiva depende de que el desarrollo de los conocimientos científicos y tecnológicos esté acompañado siempre, en paralelo, por el desarrollo y la profundización de valores esenciales como la solidaridad y la honestidad. Aunque parece una obviedad no lo es, ni es un elemento accesorio, ya que los conocimientos científicos se están desarrollando aceleradamente pero no necesariamente están siendo acompañados por una evolución ética. Un ejemplo claro de esto son las guerras modernas con un enorme despliegue científico y tecnológico pero con una carencia ética y política enorme, incluso con la aceptación y legitimación oficial de bestialidades como los ecocidios o la tortura a prisioneros.[30]

No es necesario siquiera llegar a extremos bélicos: la falta de controles, el exagerado afán financiero o la corrupción hacen que

---

30 Gray, J. (2008). *Tecnología, progreso y el impacto humano sobre la Tierra.* Editorial Katz. Barcelona.

los avances científicos y tecnológicos no redunden en mejoras en la calidad de vida sino todo lo contrario.

Pero esta problemática no justifica en absoluto oponernos a los avances científicos y tecnológicos; por el contrario, nos obliga a fortalecer los aspectos éticos y políticos que deben orientar la aplicación benéfica de estos avances. Esta deberá ser la base refundacional de una conciencia ambientalista mundial: contribuir a difundir y profundizar y valores humanos de solidaridad y austeridad, entre otros, que acompañen la aplicación de los avances científicos y tecnológicos sobre el ambiente.

EL ECOTERRORISMO

Tal vez merece una mención especial el ecoterrorismo, un movimiento emergente en países desarrollados que suele ser vinculado al movimiento ambientalista desde su misma definición: «Amenazas y actos de violencia en contra de personas y propiedades, vandalismo, sabotaje e intimidación, cometidos en el nombre del ambientalismo».[31]

Sin embargo no es correcto asimilar el ecoterrorismo a una forma de ambientalismo radical, ya que al ambientalismo radical lo define el contenido de sus planteos, por más disparatados que sean. Es radical por lo que reclama y no por las acciones que desarrolla para conseguirlo. De hecho, es más justo vincular el ambientalismo a movimientos pacifistas, mientras que al ecoterrorismo solo lo define la violencia de sus acciones, que persiguen aterrorizar y amedrentar al oponente, pero en ningún caso lo define el contenido de sus reclamos, pues en la mayoría de los casos los planteos de los grupos ecoterroristas suelen ser de una ingenuidad que linda con la estupidez.

Aunque se podría esperar un cierto grado de sofisticación ideológica de este movimiento, al profundizar un poco nos encontramos

---

31 Arnold, R. (1997). *Ecoterror: the violent agenda to save nature: the world of the Unabomber.* Bellevue, Washington: Free Enterprise Press, Merril Press.

con que responde casi exclusivamente al efecto sinérgico de la barriga llena y la cabeza vacía que se produce en pequeños sectores de la sociedad en países desarrollados. Sin embargo el ocio improductivo y la falta de utopías serias no es excusa para el terrorismo, sea eco o de cualquier clase.

El terrorismo no es una ideología, no responde a un cuerpo teórico determinado, es una estrategia de intimidación del adversario; frecuentemente es empleado por Estados poderosos o por grupos minúsculos. En todos los casos el terrorismo tiene elementos comunes: el mesianismo, la certeza de contar con la verdad indiscutible y el desprecio por la disidencia, la respuesta violenta.[32] En tiempos de violencia hegemónica, de exclusión y de intolerancia, el terrorismo es una respuesta esperable, aunque despreciable.

El movimiento ecoterrorista se inició en Inglaterra a mediados de los años sesenta con el sabotaje a las actividades de caza, se fortaleció en la década siguiente con la denuncia de la matanza de animales para elaborar tapados de piel y en los ochenta apareció en EE.UU. ampliando su ámbito de acción hacia otros temas ambientales (aunque por lo general asociados a los derechos de los animales). En 2002, el FBI estimó que el Frente de Liberación de los Animales (FLA) y el Frente de Liberación de la Tierra (FLT) habían cometido más de 600 actos criminales en Estados Unidos, causando daños estimados en más de 43 millones de dólares.[33] En Francia durante el año 2007 ocurrieron más de 50 ataques ecoterroristas y en 2008 las cifras fueron similares.

Desde entonces miles de células de activistas identificadas principalmente con el FLA y el FLT (aunque existen otros) han desarrollado acciones espectaculares en EE.UU. y en varios países de Europa, con apariciones cada vez más violentas, hasta llegar a actos verdaderamente terroristas.[34]

---

32 Chomsky, N. (2002). *Pirates and emperors, Old and New.* Pluto Press, Londres.

33 FBI. (2002). *The Threat of Eco-Terrorism. Testimony of James F. Jarboe, Domestic Terrorism Section Chief.* Before the House Resources Committee.

34 Toolis, K. (1998). «Los Ecoterroristas». *La Revista,* Suplemento de *El Mundo,* 27 de diciembre, España.

Estos grupos suelen enfocar su acción en torno a los derechos de los animales. Peter Singer,[35] un connotado escritor darwinista y referente para muchos de estos grupos, en su libro *Liberación animal*, insinúa como límite que cuando un ser viviente tiene cara, debe tener un alma y ser capaz de sentir dolor y tristeza. El argumento parece un poco débil, pero en todo caso las hormigas que se matan en las plantaciones forestales tienen cara (por lo tanto alma). Si dejamos de combatir a las hormigas, en poco tiempo colapsará la industria forestal-celulosa-papelera, que proporciona el papel para que Singer publique sus libros.

Bajo estos planteos subyace la confusión entre los derechos de los animales y el poder del hombre de dejar vivir a algunos seres vivos y no a otros. Ese poder en el hombre es una realidad, por más que algunos lo vivan con culpa. Si los derechos existen en la medida que un tercero lo decide, ya no son derechos propios sino de ese tercero. La realidad es que «los animales tienen derechos en la medida en que el hombre se los da»; por lo tanto no son derechos de los animales. Nuestra definición de «derecho» es una definición totalmente antrópica, propia de la cultura humana. La Real Academia Española define derecho como «Facultad del ser humano para hacer legítimamente lo que conduce a los fines de su vida». Y en las cerca de 30 acepciones que acepta ninguna insinúa que pueda ser una propiedad de los animales.

El hombre es una especie hegemónica y esa condición es irrenunciable, pero muchos de estos grupos viven en forma traumática esta condición dominante de la especie humana. Si fueran razonables los argumentos ecoterroristas deberíamos profundizarlos y preguntarnos: ¿Por qué detenerse en los animales? ¿Por qué no ayudar al resto de los seres vivos? ¿O los vegetales no tienen derecho a vivir? Extremando un poco la hipótesis de los derechos de los seres vivos podríamos desarrollar campañas para salvar a las papas que son arrancadas de su tierra natal, mutiladas y echadas en aceite hirviendo. Ante esta

---

[35] Singer, P. (1975). *Animal Liberation*. Random House, Nueva York.

caricaturización, algunos vegetarianos esgrimen que el límite es la presencia de «sistema nervioso central». Parece ingenioso dentro de todo este absurdo, aunque podría haber sido el hecho de que tengan pelos (así podemos al menos comer pollo y pescado).

LOS RIESGOS AMBIENTALES EN LA AGENDA DEL ESTADO

En ocasiones, la intención de escuchar reclamos sociales y frenar la explotación no controlada de recursos naturales lleva al Estado a desarrollar un discurso que hace énfasis en riesgos e incorpora regulaciones que no responden a análisis de costo-beneficio, ni a evaluaciones exhaustivas, provocando alarma en la población y compromisos imposibles de cumplir en los gobernantes. Existen muchos ejemplos de parlamentos prohibiendo la generación de energía nuclear, prohibiendo el uso de agroquímicos y hasta prohibiendo elementos de la tabla periódica (como si fuera posible) sin haber evaluado mínimamente los costos y los beneficios de estas decisiones. El poner el énfasis en la existencia de problemas pero no en su magnitud dificulta establecer prioridades.

Sin embargo, no es éste el desvío más frecuente en la gestión ambiental de los gobiernos. El Estado tiene la responsabilidad irrenunciable de asegurar la satisfacción de las necesidades básicas de la población y esto implica costos que los gobiernos deben afrontar. Y esas necesidades son cada vez mayores (calidad y cobertura de salud y educación, seguridad, infraestructura y comunicaciones, etc.). En este escenario los gastos del Estado crecen por lo que los ingresos de los gobiernos también deben crecer. Los gobiernos dedican gran parte de sus esfuerzos a captar inversiones que provean de esos recursos tan necesarios, y en ocasiones «el crecimiento económico crea la misma adicción entre los políticos que la heroína en los toxicómanos».[36]

---

36 Lovelock, J. (2007). *Op. cit.*

La intención de promover el desembarco de capitales y de fomentar las inversiones productivas lleva a las autoridades a subestimar los riesgos, resaltando solo los beneficios sociales y económicos de las inversiones, lo que a corto plazo tiene un efecto *boomerang* cuando comienzan a llegar los reclamos y las demandas.

La estrategia más seria para que un gobierno tome decisiones respecto a asumir y gestionar riesgos ambientales es el desarrollo de análisis de costo-beneficio. Es decir, estudiar los costos y los beneficios de realizar la intervención versus los costos y los beneficios de no hacerla. Esto no significa que se deba realizar un análisis aritmético y que se haga caso automático al saldo obtenido, pero las autoridades deben ser plenamente conscientes de los riesgos que asumen en cada decisión ambiental.

Como veremos más adelante con el ejemplo del ataque de un tiburón, es muy posible que en una playa la autoridad local regule este riesgo altamente improbable mientras los riesgos asociados a la exposición a rayos UV o al consumo de alcohol no se regulen y nunca pasen de ser una exhortación, ya que no existirá un reclamo generalizado de la población. De hecho, muchas investigaciones relativas a aspectos cognitivos y de percepción de riesgos han demostrado que ante la dificultad para comprender los procesos probabilísticos y ante la cobertura sesgada de algunos medios de comunicación, el juicio sobre los riesgos ambientales es construido en base a experiencias personales, lo que resulta en una evaluación deficiente (algunas veces sobreestimados y otras subestimados).

Pero lo más interesante de estos estudios es que los expertos cometen los mismos errores de evaluación de riesgos que el público si se dejan llevar por sus experiencias personales o por los medios masivos de comunicación. Así, cuando un especialista en riesgos ambientales opina más allá de los datos y las herramientas probabilísticas disponibles, para apoyarse en su intuición, seguramente evaluará los riesgos en forma errónea.[37]

---

37 Sunstein, C.R. *Op. cit.*

Por otro lado, no podemos desconocer que las agendas gubernamentales de los países las van elaborando las personas que integran esos gobiernos y que a su vez tienen sus propias agendas. Cuando un nuevo gobierno asume la conducción de un país, propone e impulsa un proyecto político en el sentido más amplio, que debe ser interpretado y «bajado a tierra» en acciones concretas por funcionarios y mandos medios de la administración del Estado, que no son estadistas, que tienen profesiones, inquietudes e intereses que aspiran sean contemplados en la materialización de estas políticas.

La materialización de las agendas gubernamentales respecto a problemas ambientales está directamente asociada a la disponibilidad de fondos para financiar proyectos y programas concretos. Pero por lo general los problemas locales, específicos de una comunidad, deben ser abordados con fondos propios, dependiendo de decisiones de gobierno, mientras que los problemas ambientales globales (cambio climático, agujero en la capa de ozono, pérdida de biodiversidad, entre otros) cuentan con abundantes fondos de cooperación internacional. Esta diferencia en la disponibilidad de recursos, más que la introducción de un sesgo económico en el establecimiento de prioridades, es determinante en la elaboración y ejecución de las agendas ambientales de los gobiernos.

Esto lleva a los gobiernos a decidir intervenciones, promociones o limitaciones considerando solo un lado del problema. Pero, como hemos visto, en los problemas ambientales no se puede analizar un solo plato de la balanza, como si el otro no pesara. No podemos evaluar los beneficios de las medidas propuestas para reducir las emisiones sin considerar sus costos directos e indirectos sobre la economía, el ambiente y la salud.

El problema de la agenda ambiental en la órbita estatal es más complicado aún, debido a la necesidad de inserción internacional de los gobiernos. Muchos gobiernos suelen ser más sensibles ante la vistosidad de los reclamos que ante la severidad de los impactos o la probabilidad de ocurrencia de los eventos. De esta forma la instalación de temas ajenos no sucede solo en la opinión de la población menos informada. Si bien la mayoría de los problemas ambientales globales son provocados por modelos de producción y hábitos de consumo de países desarrollados, y es muy poco o nada lo que pueden hacer los países pobres, resulta casi caricaturesco ver a sus parlamentos ratificando protocolos, estableciendo políticas y aprobando regulaciones relativas a asuntos sobre los que no tienen prácticamente ningún control, pero que les dan una elegante inserción internacional o buenas perspectivas de acceso.

Más aún, las restricciones que surgen de esos protocolos suelen ser más perjudiciales para países pobres y en vías de desarrollo, que intentan encaminar sus procesos de industrialización. Es decir, asumen culpas que no les corresponden y que no podrán expiar.

La falta de rigor en el análisis se evidencia en el establecimiento de prioridades. Países agrícolas erosionan sus suelos por malas prácticas productivas, aplican plaguicidas en forma irresponsable, contaminan las aguas que usarán para riego, no depuran las aguas cloacales vertiéndolas directamente a sus ríos, introducen indiscriminadamente especies exóticas, disponen los residuos sólidos de las industrias de las formas ambientalmente más inseguras, pero la agenda ambiental del gobierno y las ONG está dominada por problemas ambientales globales sobre los que no tienen ninguna capacidad de incidir (y que en muchos casos no padecen). No obstante, esta agenda suele estar acompañada de importantes financiamientos a sectores clave de los gobiernos, universidades y organizaciones de la sociedad civil. En otras palabras, «gran atención a problemas ajenos y desatención a grandes problemas sobre los que sí podemos incidir» (problema de prioridades). Cuando establecemos mal las prioridades, el balance final de costo-beneficio será muy malo.

En este contexto, los beneficios tienden a concentrarse en países excedentarios, con capacidad de reconversión tecnológica, mientras que los costos los asumen los países menos desarrollados, que necesitan desesperadamente contar con industrias y satisfacer de inmediato necesidades básicas de su población.

¿CONTAMINA EL ESTADO O LOS PRIVADOS?

Sin perjuicio de lo comentado antes, debemos discernir claramente entre formas de propiedad y problemas ambientales. Es frecuente que el público asocie los riesgos y daños ambientales a empresas privadas de capital transnacional, mientras que respalda en forma acrítica el desempeño ambiental de empresas y organismos estatales; o que perciba como responsables y eficientes a las empresas privadas y despilfarradoras e ineficientes a las empresas del Estado.

Sin embargo, la contaminación ambiental no tiene nada que ver con la forma de propiedad de los medios de producción. A veces surgen confusiones porque se asignan malos comportamientos ambientales o intencionalidades perversas a unos u otros actores como forma de dar contundencia a posiciones políticas o ideológicas.

Es frecuente escuchar o leer que «empresas extranjeras vienen a instalarse aquí porque no tenemos buenos controles ambientales, así se llevan las ganancias y nos dejan la contaminación». O por el contrario: «las empresas públicas contaminan porque tienen impunidad, el Estado no se controla a sí mismo». Se trata de dos sentencias falsas en la medida en que pretenden ser generalizaciones, más allá de que puedan reflejar casos concretos.

El peor desastre de un reactor nuclear en la historia (Chernóbil, Ucrania) fue provocado por una central estatal. ¿Podemos de ahí deducir que las centrales nucleares deben estar en manos privadas?

El peor derrame accidental de petróleo en la historia (*Exxon Valdez*, Alaska) fue provocado por un carguero privado. ¿De aquí podemos concluir que el transporte de crudo debe estar en manos del Estado?

Extremando las hipótesis podríamos deducir que no debería existir transporte de crudo ni centrales nucleares para disminuir riesgos ambientales, pero creemos que no vale la pena abordar seriamente estas afirmaciones disparatadas. El Estado debe brindar seguridad a la sociedad respecto del desempeño ambiental tanto de actores públicos como privados, mediante reglas claras, autorización, control y sanción. Si esto se hace bien, no deben existir diferencias entre públicos y privados. Todos conocen las reglas de juego, todos reciben las autorizaciones para operar, todos son controlados y de no cumplir esas reglas son sancionados.

En definitiva, la discusión sobre las ventajas de una u otra forma de propiedad de los medios de producción puede darse en muchos niveles y con múltiples argumentos. Pero parece conveniente que la gestión ambiental quede afuera de esa discusión.

Sin embargo, el crecimiento económico y la diversificación productiva a nivel local, sumados a la globalización de los procesos económicos, implican nuevos desafíos para la gestión ambiental en el Estado y ya no le permiten conservar su estructura y funcionamiento tradicional. Es necesario dar respuesta simultáneamente a problemas nuevos de carácter local y de alcance global.

LA EVOLUCIÓN LLEGA AL ESTADO: DE MINISTERIOS A AGENCIAS

Esto no significa que el Estado deba prepararse para desarrollar exitosamente un nuevo sector de actividad en particular, o que deba acompañar las tendencias de desarrollo del mercado (sea la industria del *software*, las TIC, las energías renovables o cualquier otra). El Estado debe estar en condiciones de asumir el cambio permanente, no un cambio en particular; debe prepararse para gestionar el riesgo, debe ser flexible. Es imprescindible construir un Estado innovador, emprendedor, que lidere los cambios, no que los refracte.

Los dinosaurios crecieron y conquistaron la biosfera, pero el mundo se fue haciendo más complejo y competitivo, donde la eficiencia en el aprovechamiento de los recursos era la base del éxito y aquellas grandes bestias ya no estaban a la altura de los nuevos desafíos. La evolución promovió el éxito de formas más ágiles y adaptativas; ante cada cataclismo natural, propio de un planeta joven en permanente cambio, los dinosaurios fueron desapareciendo. Ahora en la frase anterior cambiemos dinosaurio por ministerio…

El desarrollo «ministerial» de la gestión ambiental fue un buen inicio y en muchos países permitió logros importantes (sólidos cuerpos normativos, consolidación de equipos técnicos calificados, experiencia institucional, entre otros). Sin embargo, los ministerios de Medio Ambiente se han transformado por lo general en estructuras pesadas y con dificultades para dar respuesta a los nuevos desafíos. En principio, podríamos decir que existe una asimetría creciente entre la problemática ambiental emergente y las herramientas institucionales disponibles.

Es interesante observar la experiencia institucional de países como EE.UU. con la Environmental Protection Agency (EPA), que fue la primera agencia ambiental gubernamental en el mundo, con resultados de altísima eficiencia; o Chile con la Comisión Nacional de Medio Ambiente (CONAMA), que tiene estatus de presidencia del gabinete ambiental (independientemente de que distintas presiones estén empujando al gobierno chileno a la creación de un Ministerio de Medio Ambiente). Agencias ágiles, más profesionales que políticas, capaces de acompañar las políticas económicas dando respuesta a los desafíos ambientales que éstas generan y sin llegar a ser un obstáculo para el desarrollo de nuevas inversiones. Más bien asumiendo un rol de coordinación y gestión de esfuerzos y recursos (públicos y privados).

Estas agencias están a menudo integradas por pequeños equipos técnicos altamente calificados, dotados de buenos instrumentos metodológicos, capaces de actuar con acierto ante una realidad cada vez más exigente, al estilo de verdaderas *task forces* ambientales. Cuentan además con un nivel de autonomía relativa en la gestión de proyectos y pueden administrar recursos presupuestarios y extra presupuestarios con altos niveles de transparencia, lo que les otorga independencia técnica en la toma de decisiones.

Tal vez la mayor relevancia de la aparición de estas agencias no fue fundar una nueva institución sino promover la emergencia de una nueva institucionalidad, que a partir de sus modalidades de planificación, gestión y administración permitieron dar respuesta a los nuevos desafíos de gestión ambiental. Estas herramientas suelen ser más transparentes y ejecutivas a la hora de establecer políticas y proyectos, respecto de los grandes ministerios tradicionales.[38]

El desafío de la gestión ambiental estatal para afrontar el incremento de las inversiones productivas no es menor. Se trata de contar con instituciones ágiles y modernas (mediante la reconversión o la creación de agencias de gestión ambiental), capaces de especializar los procedimientos de autorización ambiental; incrementar y profundizar los controles; dotar técnicamente a los municipios y delegar en ellos las tareas delegables; y promover inversiones ambientalmente amigables mediante un sistema de autorización y control eficiente.

La institucionalidad ambiental de un país es parte de la política del país, por lo que siempre será necesario discutir y consensuar aspectos centrales de estas nuevas figuras institucionales, de modo tal que no sean visualizadas como una imposición y como herramientas de recorte de la preocupación estatal por las problemáticas ambientales.

El desafío no es menor pero lo podemos ver como la urgencia de cambiar o la oportunidad de cambio. O tomamos decisiones innovadoras para situaciones nuevas y cambiantes o nos atrincheramos en estructuras viejas e intentamos resistir el incremento en las intenciones de inversión en los países en desarrollo.

Esto no implica que el Estado se retraiga y autoconsuma hasta desaparecer ante las presiones de un mercado cada vez más poderoso y global; por el contrario, implica que el Estado desarrolle capacidades para no desaparecer, que no se extinga como un dinosaurio ante los meteoritos de la globalización, que sea un actor central y que tenga la legitimidad para establecer las reglas de juego y vigilar su cumplimiento.

---

38 Latchinian, A. (2007). «Año de desafíos ambientales para Uruguay». *Revista Bitácora*. http://www.bitacora. com.uy/noticia_641_1.html

Tal vez lo más importante es que el Estado proyecte esas capacidades en todos los ciudadanos, a través del sistema educativo, de la legislación y de todas las herramientas institucionales. El éxito de la sociedad radica en que sus ciudadanos sean emprendedores, competentes, independientes. Este desafío ineludible para el Estado no deja afuera a los temas ambientales. No es que esté mal que separemos la basura en bolsitas de colores, que nos cepillemos los dientes con el grifo cerrado u otras tantas medidas de preservación ambiental, pero lo imprescindible es que cada individuo aprenda a administrar recursos en forma racional (sea agua, dinero o tiempo), que cada persona evalúe y gestione riesgos (sea al conducir por una autopista, al invertir dinero o al talar un bosque). Esta será la mejor inversión que pueda hacer el Estado para la preservación ambiental.

LA COARTADA DEL DESARROLLO SUSTENTABLE

En primer lugar es importante precisar que el concepto de desarrollo como lo entendemos hoy no tiene más de medio siglo, y sus distintas variantes (sustentable, humano, etc.) son aún más jóvenes. En su acepción dominante (esencialmente económica) se inicia luego de la Segunda Guerra Mundial, en el contexto de la reconstrucción de Alemania y los países europeos occidentales más afectados por la conflagración.

A mediados de los años setenta del siglo pasado, al constatarse los indicios de un deterioro ambiental sostenido de escala global, la ONU convocó a la Comisión Mundial de Medio Ambiente y Desarrollo, que a mediados de la década de 1980 publicó el informe titulado «Nuestro futuro común», en el que se estableció el concepto de desarrollo sustentable. Este documento, más conocido como «informe Brundtland» (por Gro Brundtland, primera ministra de Noruega, que presidía la comisión), estableció la insostenibilidad del modelo de desarrollo dominante y la necesidad de avanzar hacia «un desarrollo que atienda a las necesidades del presente sin comprometer la posibilidad de que las futuras generaciones atiendan a sus propias necesidades». Esta es la definición más aceptada de desarrollo sustentable, que a esta altura y dependiendo de la traducción se emplea como sinónimo de desarrollo sostenible.[39]

En realidad, la historia mostró que este informe no constituyó ningún cambio sustancial. Por el contrario, se consumó la absorción de los esfuerzos de preservación ambiental por el paradigma desarrollista dominante, basado en el crecimiento económico y el uso de los recursos naturales.

Primero la Organización de Naciones Unidas (ONU) y luego cada uno de los países miembros fueron suscribiendo el compromiso de trabajar por un desarrollo sustentable. Tanto que hoy no debe haber un país en el mundo que no haya plasmado en su constitución o en una norma relevante de su legislación el compromiso de promover el desarrollo sustentable. Sin embargo, no existe ningún país que se haya embarcado en un proceso duradero y legítimo de desarrollo sustentable, o sea, que el uso que haga de sus recursos naturales no ponga en riesgo su disponibilidad para las futuras generaciones. La constatación de esta contradicción generalizada entre los textos constitucionales y las políticas (y prácticas productivas) implementadas, hace pertinente la pregunta: ¿El desarrollo puede ser sustentable, o la insostenibilidad es inherente al desarrollo?

Son muchos los autores que consideran imposible la sustentabilidad del desarrollo, sobre todo desde una perspectiva económica; sostienen que no es factible que la economía del mundo crezca eliminando la pobreza y sin degradar el ambiente, que es imposible optimizar el desarrollo económico sin atentar contra la sustentabilidad ambiental, que los dos componentes son contrarios y no pueden avanzar simultáneamente. De hecho, el desarrollo entendido exclusivamente como crecimiento económico y mejora de condiciones materiales está cayendo en severas y obvias contradicciones, incluso desde su propia lógica.

---

39 Comisión Mundial del Medio Ambiente y del Desarrollo (1992). *Op. cit.*

En palabras de H. Daly, «en sus dimensiones físicas, la economía es un subsistema abierto del ecosistema terrestre que es finito, no creciente y materialmente cerrado. Cuando el subsistema económico crece, incorpora una proporción cada vez mayor del ecosistema total, teniendo su límite en el ciento por ciento, sino antes. Por lo tanto el crecimiento no es sostenible. El término crecimiento sostenible aplicado a la economía es un mal oxímoron; auto-contradictorio como prosa y nada evocador como poesía».[40]

Entre los críticos al paradigma del desarrollo, Lucio Capalbo pone especial énfasis en la inequidad y la dependencia con la siguiente imagen: «Desde esta perspectiva, el escenario del desarrollo podría ser comparado con un banquete en el que un 20% de los presentes se sientan cómodamente a deleitarse, mientras que el 80% restante les sirve, recibiendo acaso algunas migajas que caen de la mesa, a fin de que puedan seguir atendiéndoles. Esta amplia mayoría es mantenida en la ilusión de que mediante su esfuerzo llegarán algún día a ocupar un puesto en la mesa. Pero en realidad existe un problema estructural: es necesario que exista esa mayoría en estado de servidumbre para hacer posible el privilegio del resto». Y concluye: «El desarrollo ha de ser alguna otra cosa que aún no se ha dado a escala general en ninguna parte del mundo. Con respecto a ese otro Desarrollo, el planeta entero está subdesarrollado».[41]

Por su parte, Antonio Elizalde se refiere a las limitaciones objetivas e insalvables del desarrollo: «El paradigma subyacente a cualquier razonamiento económico debe ser aquel en que lo que no es físicamente posible, no puede ser posible económicamente. Esto requiere que el primer paso en cualquier análisis de sustentabilidad sea la determinación de la posibilidad física de las políticas propuestas».[42]

---

40 Daly, H (1991). «Crecimiento sostenible: Un teorema de la imposiblidad». *Desarrollo* N° 20, 47. Madrid.

41 Capalbo, L. *Op. cit.*

42 Elizalde, A. (2008). *Ecología ética, epistemología y economía: relaciones difíciles pero necesarias. El resignificado del subdesarrollo.* Ediciones Ciccus. Buenos Aires.

Hasta el momento, el compromiso de desarrollo sustentable se ha puesto en práctica mediante los acuerdos multilaterales ambientales, administrados en el ámbito de las Naciones Unidas (protocolos de Kyoto sobre cambio climático, de Cartagena sobre bioseguridad, de Estocolmo sobre contaminantes orgánicos persistentes, de Montreal sobre agotamiento de la capa de ozono, entre otros). Pero existe un abismo entre los acuerdos multilaterales ambientales y la actividad económica en el mundo. El concepto de desarrollo sustentable seguirá siendo poco útil para la preservación ambiental en el planeta mientras no se desarrollen redes que desagreguen este compromiso en acciones específicas vinculadas a las prácticas productivas y al consumo de recursos en cada localidad, en cada ecosistema, en cada organización.

También se ha cuestionado el énfasis que hace la tesis del desarrollo sostenible en la equidad intergeneracional, en detrimento de la equidad intrageneracional. En este sentido, cabe señalar que para la mayoría de la población mundial, residente en el área subdesarrollada, resulta muy difícil pensar en la satisfacción de las necesidades de las futuras generaciones cuando sus requerimientos básicos del presente no están cubiertos. Además, muchas veces la tesis del desarrollo sostenible ha sido empleada como pretexto por algunos países desarrollados para justificar la adopción de medidas proteccionistas contra otros Estados.

Manfred Max-Neef centra la idea de sustentabilidad en lo que ha llamado «Desarrollo a Escala Humana», que pone el énfasis en las personas y no en los objetos. Ubica los aspectos materiales en un lugar complementario, mientras que los aspectos centrales que debe satisfacer el desarrollo son de carácter intangible (culturales, sentimentales, espirituales).[43]

Otra de las limitaciones de la tesis del desarrollo sustentable, en su versión original, es la sugerencia de que las mismas agencias internacionales, dominadas por los países industrializados y responsables en

---

43 Max-Neef, M. (1994). *Desarrollo a escala humana.* Editorial Icaria. Barcelona.

gran medida de las actividades que históricamente han erosionado al ambiente, podrían liderar la transición hacia un desarrollo armónico, equitativo y ambientalmente seguro.[44]

Entre los intelectuales críticos al paradigma del desarrollo destaca Gustavo Esteva. En palabras suyas, «padecimos ya las consecuencias de adjetivos cosméticos, que trataban de disimular el horror: desarrollo social, integral, endógeno, centrado en el hombre, sustentable, humano, "otro" […] No podemos esperar que la salida provenga de burócratas de las instituciones internacionales ni de los nuevos cruzados del "desarrollo alternativo", que derivan dignidad e ingresos de la promoción del desarrollo. Las cuatro décadas del desarrollo fueron un experimento gigantesco e irresponsable que, según la experiencia de las mayorías de todo el mundo, ha fracasado miserablemente. La crisis actual es la oportunidad de desmontar la meta del desarrollo en todas sus formas […] En 1960 los países ricos eran 20 veces más ricos que los pobres. En 1980, gracias al desarrollo eran 46 veces más ricos».[45] Y esta brecha se ha seguido incrementando.

De hecho los grandes problemas ambientales del tercer mundo se ubican en la pérdida de sus recursos naturales básicos (erosión y salinización de suelos, contaminación del agua y el aire, etc.), desatando un círculo vicioso de pobreza y sobreexplotación de recursos naturales. Si bien estos problemas son provocados por factores internos de cada país, en gran medida también se deben al acatamiento obediente de políticas y programas de desarrollo económico impulsados por organismos de crédito, por grupos empresariales, por organismos adscritos a la ONU, por ONG ambientalistas multinacionales, y debido a esto no parece conveniente dejar en manos de esos mismos organismos el diseño de las soluciones. Entre otras razones porque lejos de haber autocriticado y modificado su forma de relacionamiento con los países del tercer mundo, estos actores globales (FMI, Banco

---

44 Pichs, M. (2001). «Globalización y medio ambiente». Conferencia dictada en la III Convención Internacional sobre Medio Ambiente y Desarrollo, La Habana.

45 Esteva, G. (2009). «Más allá del desarrollo: La buena vida». *Semanario VOCES*, 4 de junio, Año V, N° 212.

Mundial, empresas multinacionales, organismos de la ONU) están profundizando esas mismas políticas y nuevamente las presentan como soluciones, con las consecuencias esperadas: concentración de la riqueza, sobreexplotación de los recursos naturales en los países pobres, más pobreza. En definitiva, el lobo se compromete a que ahora sí va a cuidar a los corderos responsablemente.

Por otra parte, la globalización del concepto de desarrollo sustentable tuvo un efecto notable sobre el movimiento ambientalista que en los años setenta comenzaba a emerger con fuerza cuestionando el modelo de desarrollo y consumo dominante por sus efectos sobre el ambiente, y que debió tomar partido ante este nuevo compromiso de los gobiernos del mundo.

El movimiento ambientalista prácticamente se dividió en «verde claro» y «verde oscuro». Los primeros de alguna forma fueron encauzados en la corriente del desarrollo sustentable, vieron en este concepto una oportunidad de incidir en las políticas ambientales de los gobiernos y de mejorar las prácticas de producción inaceptables; de esta forma comenzaron a hablar el mismo idioma que los países más industrializados y a incorporar este concepto a su acervo teórico-metodológico, lo que los acercó a los centros de poder político participando en las cumbres de la Tierra (Río, Johannesburgo) y en las distintas convocatorias e iniciativas de la ONU. En este contexto el concepto de desarrollo sustentable funcionó como un anestésico para muchas organizaciones hasta entonces combativas. Esto a su vez generó el alejamiento y la radicalización de grupos ambientalistas (verde oscuro) que, en la medida en que se fueron aislando y perdiendo su apoyo masivo inicial, fueron adoptando posturas extremas y en ocasiones irracionales.

En definitiva, el desarrollo sustentable es uno de los conceptos más globalizados de la problemática ambiental, que se ha transformado en una muletilla de las legislaciones ambientales, completamente divorciadas de la acción social y de gobierno, ha adormecido a algunos movimientos ambientalistas, y en resumen ha servido para dilatar con un discurso bien estructurado los ineludibles cambios de fondo que reclama la inocultable insostenibilidad de muchas prácticas de producción y de consumo.

Pero la preocupación por el desarrollo sustentable tiene otra arista aún más perversa. Responde al temor frente al agotamiento de los recursos naturales, que es un miedo propio de los países que más consumen y que han logrado globalizar ese sentimiento, es decir, que los países del tercer mundo internalicemos ese temor y hagamos los máximos esfuerzos para que en el primer mundo puedan mantener sus niveles de consumo actuales.

Sin embargo, y dando respuesta a la pregunta inicial: el desarrollo sí puede ser sustentable, aun siendo un concepto contradictorio. Esta contradicción entraña una dialéctica capaz de hacer avanzar a ambos elementos. El avance dependerá de las orientaciones que gobiernen el desarrollo de conocimientos científicos y de la tecnología que de ellos derive, de que se logren ubicar las estrategias de desarrollo en el ámbito local, de la apropiación del enorme menú de tecnologías limpias disponibles para la gestión de cada problema concreto.

Que el desarrollo sustentable deje de ser un buen discurso para edulcorar las mismas prácticas ambientalmente insostenibles que provocaron los problemas actuales, dependerá de que se lo logre dotar de contenidos prácticos, dependerá de la construcción de una verdadera ciudadanía ambiental, de incorporar la dimensión ambiental en la vida política diaria, en las decisiones cotidianas.

En este desafío de legitimación del desarrollo sustentable, de relegar el discurso global y pasar a la gestión concreta y participativa en las políticas locales, el movimiento ambientalista ha jugado un rol negativo. Pese a su aparente identificación con la comunidad y su enfrentamiento al Estado central, a su discurso autogestionario que casi homologa comunidad con sustentabilidad, el carácter autoritario y mesiánico es opuesto al desarrollo de una verdadera ciudadanía ambiental. En la medida en que el ambientalismo ubica las responsabilidades ambientales en la órbita moral, las ubica por encima del nivel político, por encima de los ámbitos en los que se puede discutir, negociar, alcanzar acuerdos. Llevar sus posturas a instancias de participación democráticas e integrarse social e institucionalmente implicaría aceptar esas reglas de juego, es decir la posibilidad de que los vecinos rechazaran sus propuestas y por lo tanto reconocer la posición contraria a la suya como la más legítima. Pero esto no es posible en la medida en que se ubica la dimensión ambiental de los problemas en un nivel moral, no político. Por lo tanto, el movimiento ambientalista tampoco ha contribuido en la construcción de una ciudadanía ambiental; por el contrario ha presentado los temas ambientales como indiscutibles, innegociables y, en realidad, *ingestionables*.

Además de la construcción de ciudadanía ambiental, es necesario contar con Estados, empresas, tomadores de decisión, que lideren los cambios en la relación de la sociedad con el ambiente. Estos cambios no solo se enfocarán en aspectos éticos, sino que se centrarán en la gestión ambiental de todos los procesos que puedan poner en riesgo la capacidad de las futuras generaciones para satisfacer sus propias necesidades.

Esta retroalimentación entre la ética y la gestión es imprescindible. No basta para alcanzar la sustentabilidad con el empleo de instrumentos de gestión ambiental (uso racional de los recursos naturales, eficiencia energética, reuso y reciclado, depuración de efluentes, etc.) y evaluaciones de impacto ambiental. Como discutiremos más adelante, esto solo serán paños tibios si no se enmarcan en un profundo cambio de paradigmas, en un redireccionamiento científico y tecnológico.

Aunque algunos grupos propongan que la forma de alcanzar la sostenibilidad es alejarnos de la tecnología y volver a «lo natural», en el contexto actual es imprescindible que el hombre conserve su capacidad científica y tecnológica para modificar el medio ambiente. Es su mayor herramienta para enfrentar el crecimiento demográfico con los actuales niveles de consumo. Pero estas modificaciones se deberán planificar y ejecutar respetando las restricciones y leyes de la naturaleza, lo que Capalbo ha llamado «transformaciones compatibles».

Por último, es bueno señalar la arrogancia casi ególatra que entraña la idea generalizada de que el desarrollo sustentable es la estrategia para «salvar al planeta». La historia de salvar al planeta es una tontería, primero porque el planeta no está en riesgo, los que en todo caso estamos en riesgo somos nosotros, así que el planeta no necesita de nuestra generosa ayuda, y segundo porque es de una arrogancia demencial pensar que tenemos la capacidad de salvarlo. Tal vez lo patético de este antropocentrismo es confundir el riesgo de la humanidad con el riesgo del planeta. El día que el hombre haya desaparecido (proceso natural que ocurre con todas las especies), seguramente el planeta no se enterará y continuará con sus procesos naturales de evolución física y biológica.[46]

¿QUIÉN DEBE ESTUDIAR LOS PROBLEMAS AMBIENTALES GLOBALES?

Una hipótesis central de este libro es que los problemas ambientales globales se definen y gestionan en base a amplios consensos políticos, sociales, económicos y financieros, y no en base a constataciones objetivas en el campo de las ciencias ambientales. Y el peso de estos componentes se impone desproporcionadamente sobre los otros, transformando a los problemas ambientales globales en construcciones sociales deformadas, con los riesgos de subjetividad que esto acarrea para la toma de decisiones.

La ciencia no es otra cosa que una forma de estructurar el discurso para explicar los objetos de estudio, y ese discurso se estructura en función de determinadas necesidades e intereses dominantes en cada momento de la historia. El discurso evoluciona. Esto es particularmente claro en las ciencias ambientales, que son disciplinas jóvenes, que surgen y se desarrollan en función de problemas emergentes de deterioro de las condiciones de la biosfera.

---

46 Freire, G. (2007). Entrevista realizada en *Diario do Nordeste*. http://diariodonordeste.globo.com/materia. asp?codigo=490399

La ciencia extrae conclusiones en base a su capacidad de generar y procesar información, pero la información nunca es tan completa como se desearía. Tal vez el mayor dilema ético de la ciencia es cómo proceder ante la falta de información, si esos vacíos los llenamos con la duda y la aceptación de la incertidumbre o con las verdades que convengan a los intereses de la investigación.

Las ciencias ambientales surgen en gran medida para llevar al campo de las soluciones prácticas los avances de la ecología moderna. La ecología es una ciencia descriptiva, a la que equivocadamente se le suele pedir soluciones para problemas ambientales, pero este no es su campo de acción.

La ecología se ocupa de los ecosistemas, los sistemas más complejos que existen en la naturaleza, de ahí que cada vez con más frecuencia las investigaciones globales de ecología estén emparentadas con las ciencias de la complejidad. Pero por esta misma complejidad no es fácil traducir los hallazgos de la ecología a la economía, la política u otros ámbitos de toma de decisiones. Esta complejidad hace que la ecología no provea de pruebas y de culpables sobre los problemas ambientales estudiados. La ecología estudia los ecosistemas, sus interrelaciones, las leyes que los gobiernan, pero no desarrolla soluciones a los problemas ambientales provocados por la acción del hombre; a esto se dedican las ciencias ambientales.

Como mencionamos antes, la incomprensión de estas fronteras y el uso indebido de estas definiciones llevan con frecuencia a que para el público se desdibujen los límites entre campos de acción y se confunda «ecólogo» con «ecologista», cuando el primero es un científico dedicado al estudio de los ecosistemas, que no tiene porqué asumir ningún compromiso social, mientras que el segundo es un militante que no tiene porqué conocer de ecología. Esta confusión (tan aberrante como sería confundir sociólogo con socialista, aunque lamentablemente la primera es más frecuente) lleva a que quien tenga una militancia comprometida como ambientalista adquiera automáticamente la autoridad para discutir los temas más áridos e intrincados de las ciencias ambientales con los científicos especializados en esta disciplina.

Posiblemente esta equivocación se promueva desde quienes integran el propio sector académico, que en ocasiones han desdibujado sus límites mezclando sus roles como investigador científico, como militante social y como asesor de empresas. Esto no se debe confundir con la soberbia de la ciencia que desprecia el saber popular o el compromiso con los cambios sociales o las exigencias del mercado, sino que es todo lo contrario: los conocimientos científicos en el área ambiental son comprensivos del estado del conocimiento y las experiencias a nivel mundial, mientras que las opiniones de un grupo de interés específico suelen reflejar intereses particulares, sin duda atendibles, pero en un plano distinto de la discusión científica.

El estudio de los problemas ambientales globales presenta sesgos o desviaciones, que se podrían agrupar, en primer lugar, en el *sesgo ambientalista*, donde los modelos retóricos sustituyen a los modelos numéricos en la predicción de procesos ambientales de escala global. Estos modelos tienen un componente principal subjetivo (basado en sentimientos, en ideologías, en experiencias personales), usualmente no son representativos de la mayoría de las personas (aunque se auto-proclamen representantes de la sociedad civil), ni de la mayoría de los intereses involucrados y en muchos casos dependen de fuentes de financiamiento que no aceptan fácilmente cualquier tipo de resultados, sino que buscan la constatación de una hipótesis de degradación ambiental preestablecida, con una convicción profunda de los resultados que se deben obtener aun antes de realizar ninguna verificación empírica.[47]

Vale la pena detenernos en una variante del sesgo ambientalista aplicada a la pérdida de biodiversidad del planeta; es la ética conservacionista. Un buen ejemplo es el *efecto del oso panda*: campañas millonarias de alcance planetario desarrolladas para defender una especie que despierta afecto en las personas, una especie simbólica,

---

47 Carrizosa Umaña, J. (2001). *¿Qué es Ambientalismo? Respuestas desde una visión ambiental compleja.* PNUMA, CEREC, IDEA.

a la que consideramos representativa de la salud del planeta y de la biodiversidad, independientemente de la importancia ecológica real de esa especie. Pensemos en el titular de los periódicos: «Ha muerto el último oso Panda, se ha extinguido por completo la especie». Esto resultaría dramático debido a consideraciones subjetivas, independientemente de que esta especie tuviera o no relevancia en la biodiversidad actual del planeta.

Quedan en el mundo cerca de mil osos panda y parecen condenados por la naturaleza a desaparecer en estado salvaje, al punto de que prácticamente han perdido el deseo sexual (solo tienen dos o tres días al año de probabilidad de cópula y con grandes dificultades). Se están destinando millones de dólares en proyectos para desarrollar distintos tipos de estimulantes sexuales bioquímicos, inseminación artificial, y hasta se anuncia la clonación de estos osos para desarrollar programas de repoblamiento.[48]

Si desaparecen del planeta los mil osos panda que quedan posiblemente no pasará nada, y aunque la naturaleza parece haber tomado una decisión respecto a esta especie y ya ni promueve su reproducción (los machos están perdiendo la libido y las hembras rechazan a sus crías), organizaciones ambientalistas del mundo pueden dedicar muchos recursos (escasos y que serían necesarios para enfrentar problemas ambientales significativos) a proteger al oso panda por su valor simbólico sin haber evaluado en profundidad la importancia de la especie para los ecosistemas que habita.

Noticias como ésta lo demuestran: «Expertos de todo el mundo se han reunido en la ciudad china de Chengdu para poner en común iniciativas destinadas a salvar de la extinción al oso Panda. El objetivo de este encuentro entre científicos es investigar en común nuevos métodos de apareamiento para esta especie animal, que corre grave peligro de extinción debido a su esterilidad. Los científicos acordaron realizar de forma conjunta durante cinco años análisis hereditarios e investigaciones genealógicas de los 100 especímenes que viven en

---

48 Wilson, E.O. (2006). *La creación. Salvemos la vida en la Tierra*. Editorial Katz.

cautividad, más del 30% de los cuales se encuentra en el Centro para la cría de pandas de Chengdu, que acogió la reunión».[49]

Por supuesto que simultáneamente podemos exterminar especies que consideramos plagas con total impunidad o dejar que desaparezcan otras que no nos despiertan sentimientos de ternura. Una ONG dedicada a la preservación de los tiburones tendrá a priori menos seguidores y recursos que una ONG dedicada a proteger a los delfines, independientemente de la importancia de cada especie para el ecosistema que habita o del grado de amenaza que sufra; el motivo es sencillo: los delfines son buenos y los tiburones son malos. La serie televisiva *Flipper* y la película *Shark* son las fuentes de constatación más rigurosas con que cuenta el gran público, que se emociona con las payasadas del delfín y festeja cuando le explota la cabeza al tiburón.[50]

Veamos uno de los tantos ejemplos. Clarín, el periódico más importante de Argentina, haciendo referencia a un estudio de científicos de EE.UU. y Canadá, titula: "Los tiburones blancos atacan como si fueran asesinos seriales". ¿Y que es lo que desea cualquier persona normal de los asesinos seriales sino que desaparezcan totalmente de la faz de la Tierra? Increíblemente el artículo de Clarín no hace otra cosa que llevar al público las opiniones de un científico de la Universidad de Miami, que se refiere a los tiburones como «criminales».[51]

Al leer el cuerpo del artículo vemos que el comportamiento del tiburón blanco no es esencialmente distinto al de otros peces predadores o al de un gorrión cazando lombrices. Pero el aporte informativo está hecho. Y aunque el tiburón blanco se encuentra en serio peligro de extinción y no existe en los mares argentinos, el periódico hace su pequeña contribución a la desinformación de la ciudadanía…

---

49 Noticias.com (2002). «Salvemos al oso Panda de la extinción». Chengdu China. http://www.noticias.com/articulo/09-01-2002/redaccion/salvemos-al-oso-panda-extincion-2naa.html

50 Orduna, J. *Op. cit.*

51 Bloomberg News (2009). Los tiburones blancos atacan como si fueran asesinos seriales. Clarín. 18-07-2009. Buenos Aires.

En un apartado pequeño del artículo se señala como un dato accesorio, casi irrelevante, que la pesca indiscriminada de tiburones está provocando efectos catastróficos, y que se trata de una especie clave para los ecosistemas que habita.

Otro ejemplo interesante son las cadenas en internet con imágenes alertando sobre el ecocidio perpetrado en al región ártica. Millones de personas reciben periódicamente esas cadenas (por lo general presentaciones en Power Point) exhortando a enfrentar el derretimiento de los polos. Presentan en forma tan incontrovertible como lacrimógena la inminente desaparición de los osos polares: un oso nadando en el helado océano, sin una orilla a la que llegar, o a la deriva haciendo equilibrio sobre una minúscula plataforma de hielo, porque los casquetes polares se quiebran como galletas. Y tras esas imágenes la voz consternada del locutor advirtiendo que si seguimos calentando el planeta, nuestros nietos solo podrán ver en los zoológicos a los osos polares que sobrevivan. Esas imágenes no son exageraciones o errores, son falsificaciones cuidadosamente diseñadas para comprometer emocionalmente al público.

La situación de los osos polares dista mucho de la que nos cuentan las cadenas de internet. La verdad es que en las últimas décadas la población de osos polares ha aumentado aproximadamente de 5.000 a 25.000 ejemplares y en la actualidad se mantiene estable. De hecho, mientras que no se ha podido encontrar ninguna vinculación entre la muerte de osos polares y el calentamiento del planeta, cerca de 500 osos mueren cada año por disparos de armas de fuego.[52] Parece claro que la causa de la muerte de los osos no es global, sino local, con nombre, apellido y rifle. Sin embargo la cacería tampoco es una actividad fácil de juzgar. Otras cadenas en internet hacen llamados a protestar contra la matanza cruel de las focas arpa de Alaska.

El caso de la foca bebé ensangrentada sobre el hielo con un cartel que dice «Nos están asesinando… auxilio, auxilio…» y otro que dice «Tú eres nuestra única esperanza para que dejen de matarnos» ha

---

52 Lomborg, B. (2008). *Op. cit.*

sido muy comentado; se trata de una campaña mundial para que el gobierno de Canadá prohíba la caza de focas.

En Canadá existen más de 6.000.000 de focas (de varias especies) y el gobierno autoriza cada año una temporada de caza según distintos parámetros de la estructura poblacional (la matanza ronda los 300.000 animales). Las autorizaciones se otorgan a una comunidad local de 8.000 pescadores y según las autoridades la explotación es sostenible y la población de focas va en aumento. Sin embargo Greenpeace, al frente de un grupo de ONG conservacionistas del primer mundo, mantiene una cruzada mundial por la crueldad de las matanzas. El resultado de esta campaña ha sido el cierre de la mayoría de los mercados mundiales para la piel de foca.

El problema de esta generosa campaña conservacionista es que los más afectados son los 8.000 trabajadores locales, y dentro de ellos algunas comunidades que históricamente se han dedicado a la caza de focas y que tienen esta actividad como un elemento central en su cultura. Jorge Orduna describe muy bien cómo los esquimales esperan pacientemente semicongelados a que la foca se asome a respirar para darle muerte, cómo sus hijos festejarán al verlo regresar, sus esposas estarán orgullosas, ellos sentirán que valen, porque habrá comida, habrá abrigo y habrá grasa para calentar e iluminar su iglú. Pero los militantes de estas organizaciones conservacionistas no viven en un iglú, no pasan hambre, ni pasan frío.

Y por fin lo están logrando, los mercados se están cerrando, y los esquimales no tienen a quién vender las pieles. El gobierno canadiense subsidia a los esquimales que han perdido su trabajo, claro que además han perdido parte de su historia y su identidad. «Y hoy puede verse, en los pueblitos del norte de Groenlandia o en Alaska, bares repletos de jóvenes borrachos, cabizbajos, embrutecidos. Son los jóvenes esquimales de hoy, que viven de subsidios estatales, que avergüenzan a sus hijos y son despreciados por sus esposas. Jóvenes entre los que abundan los suicidios».[53]

[53] Orduna, J. *Op. cit.*

La cacería de focas es una actividad que se ha desarrollado en forma sustentable por comunidades locales de Groenlandia y Alaska desde hace al menos muchos cientos de años. Pero ahora irrumpieron varios actores nuevos y el equilibrio se terminó: las grandes empresas que explotarán en forma industrial el recurso y cuando se agote invertirán en otro lado sus ganancias, los desquiciados que consideran que matar una foca puede ser una actividad deportiva y las ONG conservacionistas que están conmovidas por la crueldad con que es asesinada la hermana foca.

Es innegable que esta conmoción de las organizaciones conservacionistas es muy oportuna, se centra en la preservación de un animal que sus simpatizantes ven desde la infancia, que protagoniza dibujos animados, series infantiles, que está en el circo y en los cuentos: una buena campaña publicitaria apuntando al corazón del público bien intencionado y éxito asegurado. Es llamativo que no se desarrollen campañas similares para proteger animales menos simpáticos. Tal vez Greenpeace desarrolle una campaña de protección de las miles de millones de garrapatas que el hombre mata cada año, al bañar a sus perros y al ganado, de hecho la muerte por envenenamiento que sufren las garrapatas es de las más crueles. Más allá de las ironías, aquí vemos nuevamente el efecto devastador de la globalización de un problema estrictamente local. Ambos deben ser controlados por el gobierno de Canadá, las empresas irresponsables y las ONG irresponsables. Ni el extremo irracional del mercado o la matanza por deporte, ni el extremo irracional del conservacionismo. El gobierno de Canadá debe garantizar la gestión sostenible de un recurso natural que es imprescindible para la comunidad.

Por otro lado y regresando a los problemas metodológicos asociados al estudio de los problemas ambientales, tenemos el *sesgo científico*, que consiste en basar las investigaciones de problemas ambientales globales exclusivamente en modelos numéricos, colectando grandes volúmenes de datos específicos que usualmente son ordenados y presentados de modo que permitan demostrar la hipótesis que en forma previa se considera cierta. Este sesgo es muy frecuente en los acuerdos internacionales (capa de ozono, calentamiento global, biodiversidad): científicos de muchos países se reúnen para enfrentar un problema predefinido y luego comienzan a desarrollar las investigaciones conjuntas para validar sus hipótesis. Pero si el resultado de sus investigaciones demostrara que las hipótesis son falsas, el acuerdo internacional con su comité de expertos y todo su financiamiento no tendría razón para existir.

Por ejemplo, las mismas colecciones de datos que en la década de 1970 sirvieron a los científicos para pronosticar procesos de enfriamiento global, sirven hoy para pronosticar procesos de calentamiento global. Basta con seleccionar distintos períodos de una serie de tiempo para poder extraer conclusiones opuestas. La falta de una visión holística comprensiva de grandes períodos introduce un sesgo determinante en la predicción de problemas ambientales globales.

De hecho una crítica frecuente al proceso de confirmación de los problemas ambientales globales es el uso de períodos de tiempo cortos e incluso de lapsos tendenciosamente elegidos para demostrar comportamientos que no se pueden constatar en períodos históricos. Por ejemplo, es frecuente que se argumente con contundencia una hipótesis de deterioro ambiental acelerado con predicciones catastróficas eligiendo un grupo de años en que se refleja la tendencia que se desea demostrar, independientemente de que los años anteriores y siguientes demuestren la falsedad de la hipótesis.

Las ciencias ambientales son interdisciplinarias por la naturaleza de los problemas que abordan, porque el ambiente no puede ser desagregado para estudiarlo y gestionarlo de manera separada en función de las distintas disciplinas. Las ciencias ambientales se alimentan de la información específica y básica generada por cada disciplina (botánica y zoología, geografía, oceanografía, meteorología, bioquímica, entre muchas otras) y tienen una vocación esencialmente de integración y de gestión de los problemas ambientales. A diferencia de las disciplinas específicas que las componen, las ciencias ambientales son ciencias de segundo orden, esencialmente interpretativas de toda esa información básica, y están enfocadas al diseño de soluciones. Son ciencias aplicadas.

En función de ello para las ciencias ambientales es particularmente cierto lo que propusimos antes: son una forma de estructurar el discurso para explicar las cosas, y ese discurso se estructura condicionado por determinadas necesidades e intereses dominantes en cada momento de la historia.

Las ciencias ambientales durante años se han abocado a la demostración de los problemas ambientales globales con los mismos métodos inductivos convencionales con que estudian los problemas locales, con un enfoque cartesiano que promueve la desagregación máxima posible de los problemas para su análisis y la colecta de grandes volúmenes de datos para validar las hipótesis. Sin embargo, los problemas ambientales globales por definición no admiten ser desagregados inicialmente y requieren de una visión holística para su estudio. Este enfoque de los problemas globales ha hecho que existan enormes colecciones de datos que no permiten explicar totalmente los problemas y simultáneamente grandes vacíos de información que son llenados con conjeturas sin la suficiente demostración, de las que se extraen luego conclusiones de alcance planetario.

Ante el problema de demostrar hipótesis globales con experimentación superespecífica, el desafío para las ciencias ambientales parece ser el desarrollo de métodos de escala global que permitan confirmarlas. Pero mientras eso no ocurre y los métodos de experimentación ambiental de escala global no existen, los nuevos paradigmas ambientales son construidos en base a acuerdos sociales más que a constataciones científicas.

De hecho, las más recientes tendencias de desarrollo de las ciencias ambientales apuntan al estudio de problemas ambientales locales y a contribuir al desarrollo de soluciones, sin perder de vista su enfoque interdisciinario e integrador. En la actualidad las ciencias ambientales se están enfocando principalmente a aportar bases teóricas y metodológicas para el diseño de soluciones ambientales, para el desarrollo de tecnologías limpias.

Respecto a la pregunta inicial, no podríamos decir con precisión quién debe estudiar los problemas ambientales globales, pero sí nos atrevemos a afirmar que las ciencias ambientales son una disciplina joven que está definiendo su vocación hacia la gestión de problemas ambientales específicos, locales, para lo cual se alimenta de todas aquellas disciplinas que la puedan enriquecer.

Esta vocación hacia el estudio y la gestión de problemas ambientales es la mayor diferencia con la ecología. A diferencia de la ecología, que estudia las interrelaciones de los ecosistemas en toda su complejidad, las ciencias ambientales colocan al hombre en el centro de la escena y pretenden dar respuesta a problemas ambientales específicos.

Pero el desconocimiento de la complejidad de los sistemas ambientales es una de sus mayores limitaciones. La incertidumbre es inherente a los conocimientos científicos, la duda permanente, la evolución de la verdad; una verdad contundente e indiscutible hoy, será una incompleta aproximación en el futuro. Sin embargo, cuando las disciplinas científicas asumen la responsabilidad de transmitir certezas de fácil apropiación para estandarizar resultados a escala global rápidamente, pierden uno de sus componentes intrínsecos: la duda. Y se vuelven incuestionables. El discurso científico se transforma en un discurso soberbio, autoritario, pierde su veta artística y se transforma en una ciencia tecnológica. Este enfoque es necesario para dar respuesta a la mayoría de los desafíos científicos y tecnológicos que se plantea la humanidad, pero no es útil para el estudio de los sistemas ambientales complejos, que requieren de paradigmas científicos totalmente distintos para su abordaje.

La Primera Ley General de la biología, de orientación decididamente cartesiana, plantea que «todas las propiedades de los organismos vivos y las relaciones entre éstos, están gobernadas por las leyes de la física y de la química». Esta ley implica que al descomponer la complicada maquinaria de un ecosistema en sus partes íntimas, podrá ser explicado en base a las leyes de la física y de la química.[54] El enfoque más reduccionista posible.

Pero visto desde el otro extremo, desde el enfoque de la complejidad, podríamos decir que el ambiente está conformado por propiedades emergentes (distintas de la suma de las partes) de las interacciones físicas y químicas de los elementos de la naturaleza. Y las propiedades emergentes son una característica principal de los sistemas complejos.

La diferencia principal con la física y la química es que en ciencias ambientales dos más dos comienza a dejar de ser cuatro para ser algo incontable. Un enfoque cartesiano aplicado a los complejísimos sistemas ambientales que sugiera por ejemplo que una selva tropical es un larguísimo listado de especies animales y vegetales en un suelo rico con determinadas condiciones de humedad relativa y fotoperíodo, obtendrá como resultado un monstruo de Frankenstein y no una selva tropical.

DEL RIESGO DEL MES AL RIESGO DE LA DÉCADA

Volviendo a los riesgos ambientales, dijimos que su percepción se construye y maneja con cierta independencia de los riesgos reales. El riesgo está asociado directamente a la probabilidad de que un evento ocurra y a la severidad de sus impactos, mientras que la percepción del riesgo está asociada a la disponibilidad de recuerdos y experiencias personales, al conocimiento de los procesos que generan el peligro, a la equidad en la distribución de los impactos, entre otros aspectos subjetivos.

El sonado aunque muy inusual ataque de un tiburón a un niño en una playa de Estados Unidos hace varios años fue un caso de estudio de cómo se construye la percepción del riesgo. El pez desorientado llegó a la playa, muy lejos de su hábitat y atacó a un niño causándole serias heridas. El niño se recuperó en un hospital luego de ser salvado por un adulto que se tiró al agua a enfrentar al tiburón. Los medios de comunicación tenían todo para comenzar

---

54 Wilson, E.O. *Op. cit.*

su trabajo: playas infestadas de tiburones, bastantes imágenes de una inocente criatura mutilada y un héroe americano que enfrentó al tiburón exponiendo su vida para salvar a un niño.

Y se desencadenaron los efectos en cascada: pánico de las personas presentes, amarillismo en algunos medios de comunicación locales, temor en nuevos bañistas y hasta regulaciones por parte de las autoridades locales para enfrentar el ataque de tiburones.[55]

Ante un ataque de tiburón las personas sienten que no tienen ningún control, que estarán indefensas y que les provocará una muerte horrible, y esto hace que la percepción del riesgo sea muy alta. Los medios de comunicación explotarán la espectacularidad del hecho; la revista *Time* tituló «El verano del tiburón»,[56] y algunas instituciones políticas aprobarán regulaciones en función de lo que la gente quiere oír y no de las necesidades reales.

Todo esto ocurre al margen de que sea absolutamente improbable que ese evento se repita, tanto que al verano siguiente el tiburón será olvidado, la reglamentación caerá en desuso y otro riesgo preocupará a esa comunidad. Los expertos llaman a este efecto «el riesgo del mes».

De hecho, los bañistas estarán expuestos a riesgos altamente probables y asociados a daños de gran severidad, que no estarán regulados, no serán titulares de la prensa y no le preocuparán mayormente. Varias de las personas preocupadas por el absurdo riesgo de ataques de tiburón se expondrán al sol directo sin protección durante todo el verano, sin preocuparles el riesgo de contraer cáncer por el efecto mutagénico de los rayos UV, los niños ingerirán agua intersticial que funciona como un verdadero caldo de cultivo de microorganismos patógenos entre los granos de arena, sin que sus padres, los medios o los políticos actúen para evitarles el alto riesgo de contraer enfermedades.

---

55 Swanson, S. (2001). «High-profile attacks feed shark fears, experts say». *The Chicago Tribune*, 5 de septiembre. Pp. 1, 20.

56 McCarthy, T. (2001). «Why can't we be friends? A horrific attack raises old fears». *Time*. 30 de julio de 2001. Pp 34.

Este mecanismo de construcción de la percepción del riesgo a nivel local es extrapolable a nivel global. Sustituimos al tiburón por un tsunami, la radio local por CNN y la alcaldía por la ONU, pero en ambas escalas (la local y la global) existen elementos comunes: apoyo de los medios de comunicación, acuerdos a nivel de gobierno, escasa base científica, segregación de las opiniones disidentes, entre otros. Así, con mecanismos similares a los que vemos en «el riesgo del mes» se va construyendo «el riesgo de la década».

Esto, está claro, es aplicable al abordaje de varios problemas ambientales globales. Seguramente ya pocos lo recuerden, pero según nos anunciaban en la década de 1990 la especie humana estaba seriamente amenazada por el agujero en la capa de ozono. La actual es la década del calentamiento global, pero en el horizonte ya aparecen la crisis alimentaria y la extinción en masa de la fauna y la flora, como relevo. Como sostiene Orduna:

El calentamiento global, el efecto invernadero, la explosión demográfica, la contaminación ambiental y la pérdida de biodiversidad son elevados a la categoría de inminentes tragedias, amenazas y espantosos peligros, sin que nadie se preocupe de informarse responsablemente sobre la exacta dimensión de estas situaciones. Sin dudas el catastrofismo es una técnica publicitaria efectiva y gran parte del éxito de los famosos predicadores fundamentalistas consiste en subrayar y recordar constantemente a su audiencia que el fin del mundo y el Juicio Final son inminentes.[57]

Veremos con más detalle el ejemplo del IPCC (Panel Intergubernamental sobre Cambio Climático, por sus siglas en inglés) y el cambio climático. El IPCC es un grupo de científicos de todo el mundo que, en la órbita de Naciones Unidas y en representación de sus respectivos gobiernos, viene estudiando desde hace varias décadas

---

57 Orduna, J. (2008). *Op. cit.*

la evolución del clima en el planeta, sus causas y sus posibles efectos. Cada uno de estos científicos sabe (o supone) que pertenece a un grupo de 2.500 expertos que básicamente está de acuerdo con el diagnóstico y con las causas. Además su contexto institucional (y en muchos casos financiero) es la ONU, que ya ha fijado una posición terminante sobre el tema. Los medios de comunicación del mundo (especialmente los medios globales) promueven la hipótesis del calentamiento antropogénico (al grado de darles el premio Nobel a todos) e ignoran las hipótesis disidentes.

¿Cuánta independencia y objetividad podemos pedir a cada integrante del IPCC? ¿Qué les ha sucedido a los expertos opuestos a la hipótesis oficial dentro del IPCC? Si bien discutiremos este tema en detalle más adelante, lo significativo es que de esta forma se consolida una retroalimentación perversa entre la ONU y los científicos representantes de los países, el problema ambiental estudiado se vuelve una necesidad vital para la perpetuación de esa burocracia científica internacional y esto es trasladado a cada gobierno. Así se construye nuevamente una unanimidad sobre la que muy pocos se atreven a dudar (a veces por desconocimiento, a veces por temor, a veces por comodidad).

Es importante insistir en que no se está discutiendo la veracidad o falsedad de una hipótesis, por ejemplo en este caso relativa al calentamiento del planeta, sino el sesgo por paradigmas ambientales globales basados en construcciones sociales de percepción de riesgo, que omiten o devalúan información ambiental sistemática y rigurosa. En definitiva, las regulaciones de riesgo en la órbita local, nacional e incluso internacional responden a múltiples factores, entre los que podemos destacar la percepción del público (en especial de los electores), los financiamientos disponibles para apoyar una u otra decisión, las actividades de *lobby* de los grupos de interés, entre otros. Pero en muchos casos la evaluación rigurosa de los riesgos ambientales reales no es un elemento de decisión en su regulación por parte de las autoridades.

PARTE II

Casos emblemáticos de Globotomía

«Hacer predicciones es muy difícil, sobre todo cuando se trata del futuro.»
Niels Bohr, premio Nobel de Física 1922

Los problemas ambientales globales existen, aunque sus impactos en la actualidad seguramente son de una magnitud muy inferior a la presentada por algunos medios masivos de comunicación, por el movimiento ecologista y por otros actores de alcance planetario. La falta de rigor científico hace que entren en el mismo paquete los desastres naturales que siempre han ocurrido y los efectos ambientales provocados por el hombre. Estos problemas ambientales globales de origen antrópico requieren de acciones específicas para revertir la situación actual y eliminar las señales preocupantes (que distan mucho de ser una crisis), y también requieren ser tratados de modo objetivo en el ámbito de las ciencias ambientales y de la gestión ambiental y no principalmente como resultado de acuerdos económicos o políticos.

Cuatro ejemplos bastarán para ilustrar cómo si bien los problemas ambientales globales son reales, han sido deformados o magnificados construyendo mitos modernos del fin del mundo. Hay quienes piensan que gracias a esa exageración, la humanidad se ha asustado lo suficiente como para actuar con responsabilidad. Eso es un disparate: la distorsión de la realidad nunca es una buena estrategia para la toma de decisiones, solo provoca distracción y nos aleja de lo problemas esenciales y urgentes que debemos abordar. Y la globalización ha contribuido a esta percepción exagerada de algunos riesgos ambientales con prescindencia de la magnitud real del problema y de la información científica al respecto. Operando con los mismos mecanismos con que se construye «el riesgo del mes» a nivel individual y local, actualmente se construye «el riesgo de la década» a escala planetaria.

La planificación de las intervenciones en los problemas ambientales globales suele desconocer los análisis de costo-beneficio, por lo que en muchos casos veremos que los costos ambientales de una acción de conservación serán mayores que los costos ambientales asociados a la no conservación. Hemos mencionado el ejemplo clásico que constituye el reclamo de prohibir de forma absoluta el uso de plaguicidas, sin discernir entre principios activos, dosis, formas de aplicación, manejo seguro, usos previstos, etc.; lo que responde mucho más a una comunicación global totalmente distorsionada y no a constataciones científicas o a un análisis de costo-beneficio. Podríamos prohibir los antibióticos, porque algunos usados en forma indebida pueden ser letales, o prohibir las represas porque pueden modificar el hábitat de especies en peligro y provocan gases de efecto invernadero, o prohibir los motores a combustión por otros tantos motivos. Estos ejemplos caricaturescos evidencian que la extrapolación de los problemas globales al ámbito local lleva a formulaciones generales totalmente disparatadas. Algunos plaguicidas deben ser prohibidos (y lo son) y todos deben ser manejados con extremo cuidado; el dimensionamiento y la localización de las represas debe considerar a la fauna y flora autóctona (lo que se hace en el estudio de impacto ambiental); los motores a combustión deben ser cada vez más eficientes y con mejores filtros (lo que ocurre en la actualidad). En definitiva son problemas localizados, que requieren análisis y acciones concretas, mientras que su formulación global contribuye al dogmatismo y no promueve medidas puntuales de gestión.

Por supuesto que la gestión ambiental no es un problema contable y muchas decisiones se tomarán asumiendo costos mayores que los beneficios. Por ejemplo, los costos asociados a la protección de algunas especies amenazadas de grandes mamíferos marinos pueden ser mayores que los costos de no actuar y permanecer indiferentes ante su extinción. Pero cuando la sociedad decide proteger a las ballenas, lo hace consciente de que «los números no cierran»; toma la decisión habiendo evaluado los costos y los beneficios y decide asumir los costos. Lo peligroso es, en un contexto de recursos limitados, tomar las decisiones de gestión sin tener idea de si los balances globales cierran razonablemente.

En las próximas páginas desarrollaremos cuatro ejemplos de esta distorsión de los problemas ambientales globales, promovida y aceptada a escala planetaria, que hemos llamado Globotomía:

1. *El calentamiento global provocado por el hombre.* La visión catastrofista ha generalizado en el público la idea de que el CO_2 (dióxido de carbono) atmosférico se ha elevado a concentraciones inéditas para el planeta. Pero la verdad es que hace 500 millones de años, cuando los primeros vertebrados y crustáceos emergieron de los océanos para conquistar tierra firme, la atmósfera tenía 300 veces más CO_2 que ahora y la concentración de O_2 (oxígeno) era 30% menor que en la actualidad.

    Por otra parte, el efecto invernadero sobre las ciudades es una realidad y la emisión antrópica de los gases que lo provocan implica una contribución innegable al calentamiento del planeta. La duda consiste en qué tan significativo es este aporte humano. ¿Es suficiente como para modificar la temperatura planetaria? ¿O el calentamiento global se debe a la acción del Sol? En definitiva: ¿quién está calentando el planeta, el hombre o el Sol?

    Si bien no se ha podido demostrar que el proceso de calentamiento actual sea provocado por el aporte humano y no por el Sol, las sociedades del mundo asumen la responsabilidad con todos los perjuicios que ello les acarrea.

2. *El final de los combustibles fósiles.* Periódicamente aparece la amenaza del fin del petróleo. Lo mismo sucedió durante la revolución

industrial con el carbón, y si bien la historia muestra que se produce una sustitución de las fuentes energéticas mucho antes de que comiencen a escasear verdaderamente, varios países han comenzado a desarrollar la vieja idea de los biocombustibles para alcanzar su independencia energética. De inmediato se alzan las voces humanitarias de los organismos internacionales alertando de un nuevo problema ambiental global, la hambruna inminente por el uso del suelo para producir combustibles en lugar de alimentos. Otros países no petroleros retoman sus programas de energía nuclear (hoy con tecnologías muy seguras) y provocan espanto por los riesgos ambientales o se los acusa de terroristas potenciales. Algo no huele bien.

3. *El agujero en la capa de ozono.* El debilitamiento de la capa de ozono también es una realidad inobjetable, y sea causado por el hombre (por los CFC contenidos en los aerosoles) o por la propia naturaleza (por los volcanes en la región antártica), sus efectos perjudiciales sobre la salud humana han sido demostrados científicamente. De no haberse aplicado el protocolo de Montreal, los casos de cáncer de piel habrían aumentado dramáticamente desde la década de 1970, pero esto no ha ocurrido y el aumento ha sido leve y debido a múltiples factores. Muchos investigadores consideran que el peor momento ya pasó y que la capa de ozono está en franca recuperación, aunque su debilitamiento mantiene una marcada estacionalidad.

4. *Extinción en masa por la acción humana.* La tasa de extinción de especies es en la actualidad significativamente mayor que la tasa natural y la modificación de hábitats naturales sigue causando extinciones. Si bien los pronósticos apocalípticos parecen exagerados y no responden a datos confiables o a constataciones objetivas, este problema requiere acciones concretas de protección sobre los ecosistemas intervenidos. Conscientes de la escasa

información científica respecto a las tasas de extinción, pero ante la obvia irreversibilidad de los daños en caso de que ocurran, la extinción de especies es uno de los casos en que se debe aplicar el principio precautorio y no actuar donde no estemos seguros de las consecuencias.

EJEMPLO 1
El calentamiento global

Hace un tiempo se estrenó en los cines una película que nos alertaba sobre los riesgos del calentamiento global y nos daba consejos útiles para enfrentar el problema del fin del mundo (ganó un Oscar a mejor documental y su director el premio Nobel de la Paz por el trabajo). El protagonista y director de la película era Al Gore, quien aparecía consultando un laptop mientras volaba en un jet y en la siguiente escena aparecía en un anfiteatro climatizado dando una conferencia con el respaldo de tecnología audiovisual de última generación.[58] Si bien el diagnóstico que desarrollaba de la situación ambiental en el planeta era muy razonable y compartible, la verdad es que algo nos parecía chocante (al menos desde el punto de vista del consumo energético).

Pese a su tono conciliador y amigable, a medida que se iba desarrollando el filme la propuesta nos iba gustando menos. El indudable problema ambiental generado por los niveles de consumo del primer mundo aparecía como un problema global, pero además se podía intuir que el esfuerzo para resolverlo no se distribuiría equitativamente. En una hipótesis extrema, a países africanos que luchan desesperadamente por acercarse al mundo (aunque sea al tercero) de golpe se les dice que deben producir con energías renovables o de lo contrario se les cerrarán mercados y podrán ser sancionados por países desarrollados que luchan solidariamente contra la contaminación. Para los países pobres el desarrollo económico y la industrialización no es un problema filosófico, ni siquiera es una opción, es un asunto de supervivencia.

Debemos confesar que al terminar la película, pese al tono generoso de Al Gore y a compartir la mayoría de sus juicios, nos ganó una cierta desazón y pensamos: «Otra vez tuvieron una fiesta en una mitad del mundo y nos mandan la cuenta para que la paguemos en esta mitad».

---

58 Gore, A. (Video). *Una verdad incómoda*. http://www.an-inconvenient-truth.com.

DEFINICIÓN DEL PROBLEMA

En primer lugar, respecto al calentamiento global es conveniente reafirmar que existen suficientes datos científicos que demuestran que, en efecto, la temperatura del planeta está aumentando y también está aumentando el CO_2 en la atmósfera; así lo demuestran las investigaciones referenciadas por el IPCC (recordemos, el Panel Internacional sobre Cambio Climático) en el informe *La lucha contra el cambio climático*.[59] La discusión científica que parece no estar saldada es si ese incremento de temperatura y de CO_2 es principalmente antropogénico o natural, además se discute si lo que aumenta primero es la temperatura o el CO_2. En gran medida el debate se centra en si el planeta se está calentando sobre todo por nuestras emisiones o por el calor del Sol. Sin perjuicio de estas dudas y al margen de que el proceso de calentamiento global se deba a causas antrópicas o naturales, la emisión de gases de efecto invernadero en los niveles actuales por la quema de combustibles fósiles es perjudicial para la vida en el planeta; por lo tanto, debe ser controlada.

En la historia reciente han ocurrido dos períodos de calentamiento global, el primero entre 1910 y 1945, y el segundo entre 1975 y la actualidad. Como veremos, ni la hipótesis del calentamiento antrópico ni la del calentamiento solar logran explicar en su totalidad ambos períodos. En el primero (1910–1945) no existían las emisiones de CO_2 de origen humano, mientras que los ciclos eruptivos de las manchas solares se corresponden bien con esta etapa de calentamiento global; en tanto que para el segundo período (1975–actual) la emisión de gases de efecto invernadero logra explicar razonablemente el incremento de temperatura.

Pero además del debate científico existe un debate político no menos importante. Hemos definido los problemas ambientales globales en función de que sus efectos son globales, pero también lo son sus causas, es decir que no se puede localizar el origen de la emisión que genera el problema. Por tal razón es cuestionable que el calentamiento

---

[59] PNUD. (2007). *Informe sobre Desarrollo Humano 2007-2008. La lucha contra el cambio climático: solidaridad frente a un mundo dividido.* Publicado por el Programa de las Naciones Unidas para el Desarrollo.

del planeta sea un problema ambiental global, ya que no cumple con las dos premisas de esta definición; si bien los efectos alcanzan a toda la biosfera, las causas son perfectamente identificables y no tienen un carácter global. Toda América Latina y África emiten el 5%, mientras que Estados Unidos y Europa emiten cerca del 50% del CO_2 global. En la última década se sumaron China e India, y solo entre estos dos países emiten cerca del 40% CO_2. No es un problema semántico, ni es una omisión en la formulación del problema, sino una política bien organizada de concentración de riquezas y socialización de los costos.

Si las emisiones que se generan en Estados Unidos, Europa y China son la causa del problema (incluso podemos identificar qué ciudades, qué industrias, qué actividades) está claro quiénes deben asumir la responsabilidad de resolverlo. Y esto no es una visión irresponsable, es absolutamente práctica y se basa en quién tiene posibilidades reales de revertir el problema. Las campañas y programas de reducción de gases de efecto invernadero en América Latina y África tienen un componente casi esquizofrénico, pues se basan en diagnósticos y capacidades que no son las reales.

En diciembre de 2009 se llevó a cabo una nueva cumbre de cambio climático en Copenhague para ajustar las metas de reducción de emisiones del protocolo de Kioto (pautadas para 2012 pero que los países ricos no están cumpliendo). La cumbre, donde se discutieron objetivos de reducción de los gases de efecto invernadero de origen humano fue un fracaso rotundo, no llegaron absolutamente a ningún acuerdo, no hicieron compromisos serios de reducción de las emisiones ni de apoyo a los países más vulnerables. Aparentemente la mayoría de los gobiernos representados en estos eventos no están convencidos de las catástrofes que pronostican y cuando les tocan el bolsillo comienza la relativización de las urgencias. Pero en caso de que toda América Latina y África se embarcaran en un imposible y absurdo programa de reducción de emisiones de CO_2 y alcanzaran la meta del 20% (a costa de satisfacer las necesidades básicas no resueltas de la mayoría de sus habitantes) harían el penoso aporte de 1% al nuevo protocolo.

Es cierto que estos foros pretenden contemplar las inequidades y que América Latina se presenta más como una oportunidad de negocios energéticos para solucionar el problema que como parte de éste. Sin embargo, lo más razonable es que ambos continentes centren su atención y sus esfuerzos en reducir los riesgos y la vulnerabilidad, en desarrollar regulaciones e infraestructuras de prevención de los efectos, más que en programas de reducción de gases de efecto invernadero.

De hecho, hoy hay en la atmósfera aproximadamente 250 ppm de gases de efecto invernadero. Según el IPCC, si la concentración llega a 600 ppm aumentará la temperatura en 2,5 °C, lo que provocará cambios sustanciales para la vida en el planeta. Si América Latina y África continúan emitiendo como hasta ahora, no contribuyen en nada al aumento global de estos gases a escala planetaria. Tal vez el objetivo de largo plazo que deberá adoptar el mundo desarrollado podría ser llegar a los niveles de emisión de África y América Latina. En resumen, la formulación un tanto fácil del calentamiento global contribuye a diluir responsabilidades y aleja la atención de los puntos del planeta donde se debe centrar.

Seamos claros: los mismos gobiernos que firmaron el protocolo de Kyoto y que intentaron revisarlo en Copenhague, firmando un nuevo protocolo de reducción de los gases de efecto invernadero en un acto de total ausencia de autocrítica, casi de amnesia reciente, son los mismos que siguen aumentando la fabricación de automóviles y ampliando sus autopistas, que salvan fábricas quebradas para que sigan volcando al mercado vehículos que cada vez duran menos debido al perverso concepto de «obsolescencia planificada». Exactamente al revés de las expresiones de deseos de los gobiernos, las predicciones más serias de acuerdo con estos hechos objetivos de la industria automotriz y del transporte mundial indican que los gases de efecto invernadero por el transporte (principal fuente de GEI) aumentarán en más de un 20% en los próximos 20 años.

No menos importante es el hecho de que un enfoque político-global de este problema no está dando resultados positivos en cuanto a la disminución de las emisiones atmosféricas; por el contrario, está provocando una serie de efectos nocivos como la burocratización, los intereses políticos por encima de los intereses ambientales, los condicionamientos financieros de las políticas ambientales locales, la desinformación, entre otros. Una vez que se ha constatado que estas emisiones son ambientalmente nocivas, el abordaje más efectivo sigue siendo identificar las fuentes fijas y las fuentes móviles específicas y puntuales de la emisión y prevenir o controlar a nivel local, con las herramientas disponibles en la realidad de cada país. La elaboración de estrategias desde organismos internacionales aleja el diseño de medidas de intervención de las realidades concretas que se desea transformar.

EFECTO INVERNADERO: NATURAL Y ANTRÓPICO

Muchos de los gases que naturalmente componen la atmósfera (vapor de agua y CO_2, entre otros) tienen frecuencias moleculares vibratorias tales que absorben y reemiten la radiación de onda larga, emitida por la superficie terrestre, devolviéndola hacia la Tierra, causando el aumento de temperatura en la baja atmósfera. Este fenómeno es conocido como efecto invernadero.

En otras palabras, el efecto invernadero es un proceso de concentración de calor en la atmósfera por la presencia de gases que impiden que los rayos solares, al rebotar en la superficie terrestre y cambiar de longitud de onda, se alejen de la atmósfera. O sea que estos gases son transparentes a los rayos que ingresan pero son opacos a los rayos que se van, de forma similar (aunque no exactamente igual) a como funciona un invernáculo de jardín.

Si bien es muy notorio en centros densamente poblados, con gran concentración vehicular y/o gran desarrollo de industrias de chimenea, el efecto invernadero es un proceso principalmente natural, generado a nivel planetario por la presencia de nubes y sin el cual las temperaturas en la superficie terrestre serían cercanas a los -18 °C y no serían aptas para la vida. Es decir, gracias al efecto invernadero hay vida en el planeta.

Desde hace más de un siglo la economía mundial se sustenta en gran medida en la quema de combustibles fósiles, lo que implica emisión de gases de efecto invernadero. Miles de millones de toneladas de carbono que yacían bajo el suelo, que habían demorado muchos millones de años en fosilizarse, los mandamos a la atmósfera en unas pocas décadas. Estas emisiones se concentran en torno a grandes centros de producción y consumo. Así, frecuentemente el efecto invernadero de origen antrópico es un efecto localizado.

Pero estas emisiones son de tal magnitud en la actualidad que han comenzado a trascender el ámbito local. Solo el uso de carbón como combustible para plantas de generación de energía eléctrica libera más de 2.500 millones de toneladas anuales de CO_2 a la atmósfera, y el uso de vehículos libera otros 1.500 millones de toneladas anuales.

Los científicos agrupados en el IPCC consideran que el efecto invernadero se ha transformado en un efecto global y que está provocando un incremento en la temperatura del planeta. Sin embargo, no es una hipótesis fácil de demostrar. El clima es un sistema complejo, con muchas variables operando simultáneamente (océanos, atmósfera, superficie terrestre, casquetes polares, biosfera) y provocando resultados emergentes muy difíciles de predecir. Para el estudio predictivo del clima (así como de otros sistemas ambientales complejos) las ciencias ambientales desarrollan modelos llamados GCM (Modelos Generales de Circulación, por sus siglas en inglés) en los más potentes ordenadores. Pero los ordenadores solo hacen eso, «ordenan» datos, y si la información ingresada es insuficiente o errónea, también lo será el resultado de la predicción. La sola calibración de estos modelos ya suele ser una tarea titánica que lleva muchos años.

GASES DE EFECTO INVERNADERO

El gas más importante, por lejos, en la generación de efecto invernadero es el vapor de agua (H_2O): son las nubes las que mantienen el calor en la atmósfera.

En segundo lugar el dióxido de carbono (CO_2), que no supera en la atmósfera el 0,05%. Los volcanes, los animales y las plantas producen más CO_2 que todas las fábricas del planeta juntas. De hecho, un incremento significativo de las emisiones humanas de CO_2 por fuentes fijas o móviles produciría cambios mínimos en el total de gases invernadero del planeta (porque son un porcentaje muy bajo del total y porque la mayor cantidad de emisiones es de origen natural). Esta es una de las razones que alimenta el escepticismo de muchos científicos.

En tercer lugar se ubica el metano (CH_4) y luego otros gases como el óxido nitroso (N_2O), el ozono (O_3), y los clorofluorocarbonos (CFC).

En este comentario ordenamos los gases de efecto invernadero (GEI) en función de su abundancia y disponibilidad atmosférica, no en función de su potencial de calentamiento global (PCG). De hecho el óxido nitroso tiene un PCG 300 veces mayor que el dióxido de carbono y el de los CFC es miles de veces mayor.[60]

EL CLIMA: UNA HISTORIA DE CALENTAMIENTO Y ENFRIAMIENTO

Cambio climático en su acepción más popular es casi una redundancia, pues frecuentemente se asocian las variaciones meteorológicas a los cambios de clima. Las variaciones y los cambios, el calentamiento y el enfriamiento, son inherentes al concepto de clima. Las transferencias de calor son el motor del clima. Es decir, sin cambios meteorológicos no hay clima. Es frecuente la confusión de interpretar como cambio climático los cambios meteorológicos, siendo que estos son puntuales mientras que los primeros caracterizan a una región.

---

60 Intergovernmental Panel on Climate Change (1997). *Revised 1996 IPCC Guidelines for National Greenhouse Gas Inventories reporting Instructions.*

La novedad no es el cambio climático sino la capacidad humana de generar y controlar esos cambios, de incidir en esas dinámicas planetarias, en esos procesos convectivos que operan como motor de los fenómenos climáticos y meteorológicos. Así que cuando los científicos hablan de *cambio climático* se refieren a aquellos cambios de la atmósfera provocados directa o indirectamente por la acción humana, que se suman a los cambios de origen natural.

Tal vez el pronóstico preocupante no deba ser el cambio climático sino la falta de cambios en el clima. Un calentamiento sostenido de la atmósfera planetaria podría reducir los cambios en el clima, es decir detener el motor que mueve las grandes masas de aire y de agua.

Por otra parte, la actividad solar no es constante ni mucho menos, presenta destellos y distintos tipos de procesos eruptivos, los cuales a su vez tienen un comportamiento cíclico bastante bien estudiado. El planeta se calienta y se enfría en ciclos de muy largo plazo de los que en las últimas décadas se han obtenido hallazgos científicos significativos.

Aunque parezca una obviedad, el mayor consenso al que han llegado los científicos sobre este tema es que el clima está cambiando, y por lo general aceptan que está ocurriendo un fenómeno de calentamiento. Sobre lo que no logran ponerse de acuerdo es si el incremento de temperatura es provocado por las emisiones humanas o por acción del Sol. A continuación comentaremos ambas hipótesis.

LA HIPÓTESIS OFICIAL: EL CALENTAMIENTO ES ANTROPOGÉNICO

En la última década la hipótesis de que el calentamiento global es de origen humano ha cobrado enorme fuerza, al grado de transformarse en la «versión oficial» en ámbitos académicos y sobre todo políticos. Y esto se debe a que hay poderosos argumentos que respaldan esta hipótesis.

Durante el último siglo el CO_2 en la atmósfera aumentó 25%, los NO_X un 20% y el CH_4 100%, y estos son los principales gases emitidos a la atmósfera por la quema de combustibles fósiles.

Aproximadamente en ese mismo período, desde mediados del siglo XIX (inicio de la era industrial) hasta el comienzo del siglo XXI, la temperatura de la superficie terrestre ha aumentado un promedio de 0,76 °C.[61]

De seguir las cosas por este camino, los expertos del IPCC pronostican que durante el siglo que se inicia, la temperatura media se incrementará en más de 3 °C, lo que provocaría el derretimiento de casquetes polares y un incremento del nivel del mar cercano a un metro. Según estos expertos, las emisiones se deben reducir en un 50% solo para estabilizar la situación actual, ya que según sus investigaciones los aumentos pronosticados de gases de efecto invernadero y de temperatura se deben a la acción del hombre.[62]

Hace casi 20 años las Naciones Unidas conformaron este comité integrado por más de 2.500 científicos de todo el mundo (el IPCC), encargado de estudiar el cambio climático. En los inicios de su actividad, las proyecciones de este grupo fueron un tanto imprecisas, pero en la última década, se incorporaron varios modelos complejos de circulación general (GCM) que permitieron simular los cambios climáticos antropogénicos y se acumuló un volumen de datos muy significativo. En base a la aplicación de estos modelos, el comité obtuvo algunos hallazgos preocupantes:

- Este siglo el calentamiento global promedio será de entre 1,5 y 4,5 °C, mientras que la estratosfera se enfriará significativamente.
- La precipitación global aumentará entre 3 y 15%.

61 Intergovernmental Panel on Climate Change (2007). *Cambio climático 2007: Informe de síntesis*. IPCC. Ginebra.

62 Gore, A. (2007). *Una verdad incómoda*. Editorial GEDISA. España.

> Habrá un aumento en todo el año de las precipitaciones en las altas latitudes, mientras que algunas áreas tropicales experimentarán pequeñas disminuciones.

Según el IPCC, los impactos directos del calentamiento global incluyen el incremento de las enfermedades tropicales, las inundaciones de amplias regiones costeras, intensas tormentas tropicales, extinción en masa de especies animales y vegetales, aumento de las sequías, inviabilidad de muchos tipos de cultivos, entre otros efectos devastadores.[63]

El postulado más importante realizado y sintetizado por el comité es que esos cambios en la actualidad están dominados por un proceso de calentamiento global. También es razonable pensar que, en la medida en que sigamos emitiendo gases generadores de efecto invernadero, estaremos contribuyendo a ese calentamiento global. Además, cerca de la mitad del CO_2 emitido por las actividades humanas va a la atmósfera y la otra mitad termina en los océanos, que fácilmente lo pueden liberar nuevamente a la atmósfera.

Pero el resultado más grave de esta hipótesis no son los efectos directos del calentamiento pronosticado sino el proceso de retroalimentación negativa que podría desatarse. Si se sigue incrementando la temperatura aumentará significativamente la tasa de evaporación de los océanos, aumentando la cobertura de nubes y generalizando el efecto invernadero provocado por nubes en todo el planeta.

Superado un umbral de temperatura en este espiral ascendente, será un camino sin retorno para la mayoría de las formas de vida como las conocemos hoy:

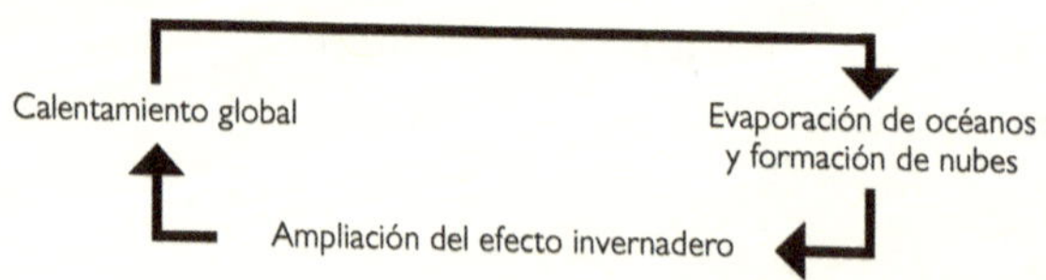

---

63 PNUD (2007). *Op. cit.*

Ante estas predicciones no se han hecho esperar las voces científicas que vislumbran un futuro al estilo del mundo post-hecatombe de Mad Max, el legendario personaje de Mel Gibson. Lovelock lo describe de este modo: «Es cierto que el nivel del mar no puede subir más que otros ochenta metros, que es el impacto que tendría el deshielo de Groenlandia y la Antártida. Pero las condiciones de abrasador calor que afectarían a todo el planeta reducirían la productividad tanto de la tierra restante como de los océanos, y la pérdida de vegetación reduciría el ritmo de consumo de dióxido de carbono, lo que contribuiría a mantener esa edad cálida durante cien mil años o más».[64]

Sin embargo, el IPCC es muy cauto en las extrapolaciones y conclusiones, y recomienda más estudios. Tal vez la necesidad de esquematizar y sintetizar la formulación del problema para comunicarlo mundialmente a tomadores de decisión, medios de comunicación y público en general ha llevado a una simplificación de la hipótesis, que le da fragilidad y la vuelve blanco de ataques de climatólogos especializados.

De hecho, diversas investigaciones, como las del doctor Theodor Landscheidt (especializado en el estudio de los ciclos de actividad solar) contradicen frontalmente las predicciones del IPCC.[65]

LA HIPÓTESIS DISIDENTE: EL CALENTAMIENTO ES NATURAL Y NO ES TAN MALO

Más de 400 científicos con reconocido prestigio de más de una docena de países han puesto objeciones significativas a los aspectos principales de la teoría consensuada socialmente que culpa a la humanidad del cambio climático. Estos científicos (muchos de los cuales están actualmente participando en el

---

64 Lovelock, J. (2007). *Op. cit.* Editorial Planeta.

65 Landscheidt, Th. (1998). *Solar Activity: A Dominant Factor in Climate Dynamics.* Schroeter Institute.

IPCC) han criticado las alegaciones que realiza el IPCC y el ex vicepresidente Al Gore. Cada vez hay más voces que critican el uso partidista del ecologismo y la poca base científica del calentamiento global.[66]

La biosfera se encarga de captar y redistribuir el carbono atmosférico, las plantas lo usan, las lluvias lo hacen precipitar al suelo y al agua, y especialmente es almacenado en forma de carbonatos en los océanos, llamados los sumideros de carbono. Mediante este mecanismo la naturaleza controla y amortigua los excesos de carbono atmosférico.

En la actualidad el carbono atmosférico está aumentando y los océanos no están cumpliendo bien su función de almacenadores de carbono. Esto podría ser ocasionado por varios fenómenos:

▸ Que la concentración de carbono (y otros GEI) en la atmósfera es tan alta que se ha saturado la capacidad de almacenamiento de los océanos (lo que es improbable);

▸ que el efecto invernadero antrópico es tan grande que se está calentando el agua de los océanos y por lo tanto devuelve a la atmósfera los gases disueltos, provocando un círculo vicioso de más gases, más efecto invernadero, más temperatura (parece difícil);

▸ que el Sol calienta los océanos y estos liberan los gases almacenados, lo que hace subir el CO_2 atmosférico (es menos pretencioso y más verosímil).

Según la hipótesis disidente el actual proceso de ascenso de la temperatura comenzó mucho antes de la globalización industrial, antes de que el hombre comenzara a emitir en forma sostenida gases de

---

66 U.S. Senate Report: «Over 400 Prominent Scientists Disputed Man-Made Global Warming Claims in 2007». http://epw.senate.gov/public/index.cfm?FuseAction=Minority.Blogs&ContentRecord_id=f80a6386-802a-23ad-40c8-3c63dc2d02cb

efecto invernadero a la atmósfera. Incluso luego del período de mayor desarrollo de industrias pesadas, en los años cuarenta y cincuenta del siglo pasado, la temperatura de la atmósfera descendió en forma continua (entre 1940 y 1970). Datos de campo muestran que entre 1940 y 1975 el CO_2 en la atmósfera aumentó y la temperatura bajó, lo que pone en duda la relación de causalidad «a mayor CO_2 mayor temperatura», en la que se sustenta la hipótesis del calentamiento de origen antrópico.

Periódicamente el planeta ha sufrido calentamientos y enfriamientos (recientemente la mini-era de hielo y el calentamiento medieval), con o sin industrias. Los datos científicos no acompañan del todo la hipótesis del calentamiento global antropogénico del IPCC. El clima siempre está cambiando, y los científicos defensores de esta hipótesis concluyen que no se puede adjudicar a las actividades humanas ese proceso de calentamiento.

Varios estudios señalan que el aumento de temperatura a escala global ocurre antes que el aumento de CO_2, contradiciendo la hipótesis del efecto invernadero globalizado. Esto se debe a que los océanos son el principal mecanismo de almacenamiento de CO_2: si el océano se calienta, libera el CO_2 almacenado durante largos períodos, por aquello de que «la concentración de gases disueltos en el agua es inversamente proporcional a la temperatura», es decir que al aumentar la temperatura de las grandes masas de agua, luego de largos períodos de calentamiento, comienzan a liberar los gases disueltos. De acuerdo con este razonamiento, el aumento de CO_2 atmosférico podría ser producto del aumento de temperatura en los océanos y no al revés.[67]

En esta hipótesis, el desfase de cientos de años entre el calentamiento de los océanos y la emisión de CO_2 se debería a la inercia térmica de las grandes masas de agua, que demoran precisamente cientos de años en calentarse y enfriarse algunas décimas de grado.

---

67 Ferreira, E. (2005). *Ecología: Mitos y fraudes.* http://www.mitosyfraudes.org

Las manifestaciones de calentamiento y otros cambios climáticos actuales responden a cambios y estímulos producidos hace siglos por causas naturales, por ejemplo el Sol.

Una revisión de la literatura científica sobre investigaciones concernientes a los efectos ambientales del aumento del nivel de dióxido de carbono atmosférico, conduce a la conclusión de que tal aumento en el siglo XX no ha producido efectos dañinos sobre el clima o la temperatura global… Sin embargo, el aumento del nivel de dióxido de carbono en la atmósfera ha producido un notable incremento en la tasa de crecimiento de las plantas verdes (fotosintéticas). Los pronósticos de efectos climáticos nocivos debidos a aumentos futuros en gases menores de invernadero, particularmente CO_2, son erróneos y no han sido corroborados por el conocimiento experimental actual.[68]

En marzo de 2007 un grupo de investigadores de la NASA estableció en forma contundente la vinculación entre la actividad solar y los cambios climáticos en el largo plazo.[69] Si esto es cierto, parece poco probable que las emisiones humanas de los últimos 30 o 40 años estén provocando tan rápidamente el aumento de la temperatura en el planeta, más aún si consideramos que todo el CO_2 atmosférico (natural y antrópico) no supera el 0,05% de los gases de efecto invernadero presentes en la atmósfera.

Los disidentes atribuyen el calentamiento global a una causa natural y bastante más global que el hombre: el Sol. Asocian los aumentos de temperatura a la actividad solar, específicamente a las manchas solares, y señalan una asombrosa correlación entre la actividad de las manchas solares y el calentamiento del planeta. En

68 Robinson, A. *et al. Environmental Effects of Increased Atmospheric Carbon Dioxide.* Oregon Institute of Science and Medicine, 2251 Dick George Rd., Cave Junction, Oregon 97523 info@oism.org

69 «Los científicos Alexander Ruzmaikin, Joan Feynman y Yuk Yung han encontrado una correlación no trivial entre los niveles anuales de las aguas en El Cairo y el número de auroras boreales». http://www.jpl.nasa.gov/news/features.cfm?feature=1319

resumen, esta hipótesis postula que el Sol gobierna la temperatura del planeta y las emisiones humanas son poco relevantes a escala global.

Otros científicos cuestionan el tipo de efectos sobre la salud y el ambiente que pronostica el IPCC. Por ejemplo, se cuestiona que el incremento de la temperatura extienda el alcance de enfermedades causadas por mosquitos (como la malaria, el dengue o el paludismo) hacia regiones subtropicales. Expertos de la Organización Mundial de la Salud (OMS) aseguran que, pese a la creencia popular, los mosquitos no son especialmente tropicales, y que existen otras condicionantes más importantes para su reproducción. Las muertes por malaria tienen más vinculación con la pobreza y la ausencia de servicios ambientales que con la temperatura y el clima. De hecho en la historia de EE.UU. y Europa hay varias epidemias de malaria que ocurrieron en zonas frías provocando cientos de miles de muertes, pero ocurrieron cuando esos países eran pobres. Hoy la malaria azota África, pero no es porque haga calor. La solución a la malaria en el tercer mundo no pasa por la reducción del CO_2 ni por el protocolo de Kioto, sino por inversiones que apunten con precisión a mejorar las condiciones de vida actuales de las personas.

Muchos científicos basan su escepticismo en el hecho de que el clima siempre está cambiando, que no hay nada especial en una temperatura comparada con otra temperatura, que los modelos del IPCC no son fiables, y que el incremento (en el que no creen) de la temperatura a causa del CO_2 es una hipótesis aventurada que, además, traería más beneficios que problemas. El experto meteorólogo estadounidense Richard Lindzen afirma: «El alarmismo se sostiene sobre una hipótesis falsa: que podemos confiar más en las predicciones climáticas para el año 2040 que en la predicción del hombre del tiempo para la próxima semana».[70]

La posición de estos grupos de científicos se podría sintetizar en que la relación causa-efecto es al revés de la prevista por el IPCC: el calentamiento provoca aumento del CO_2, y no el aumento de CO_2

---

70 Lindzen, R.S. (2007). «Taking greenhouse warming seriously». *Energy & Environment*, 18, 937- 950.

provoca calentamiento. Es claro que de ser cierta esta hipótesis, el hombre queda libre de culpas (al menos en esto).

LA BUROCRACIA AMBIENTAL

La revista *Nature* publicó en mayo de 2008 un artículo de un equipo de investigadores de varias universidades de EE.UU., liderado por el científico David Thompson (integrante del IPCC), en el que reconocen haber encontrado un sesgo significativo en las técnicas de medición de la temperatura de los océanos durante gran parte del siglo pasado. Estos resultados estallaron como una bomba en los círculos científicos del IPCC, mientras que destacados opositores a la tesis del calentamiento antropogénico exigen que los informes del IPCC sean revisados a la luz de los nuevos hallazgos.[71]

El doctor Frederick Seitz, ex presidente de la Academia Nacional de Ciencias de EE.UU. y uno de los más connotados escépticos de la hipótesis del calentamiento global antrópico, al igual que otros científicos, asegura que los funcionarios del IPCC censuraron el capítulo científico del informe de Naciones Unidas respecto al calentamiento global, recortando párrafos clave, donde se aseveraba que no existen evidencias científicas de que el calentamiento se deba a los gases de efecto invernadero. «Los científicos aprobaron un texto y en el informe final apareció otro sustancialmente distinto», dice el investigador.[72]

De hecho el IPCC es un organismo de Naciones Unidas, principalmente político, al margen de que muchos científicos destacados lo integren. Varios científicos de renombre mundial renunciaron al IPCC por entender que estaban siendo usados como fachada para justificar un discurso que provocaba temor en la gente, sin bases científicas.

---

[71] Thompson, D. *et al.* (2008). «A large discontinuity in the mid-twentieth century in observed global-mean surface temperature». *Nature* 453, 29 de mayo. Pp. 646-649. http://www.nature.com/nature/journal/v453/n7195/full/nature06982.html

[72] Campos Nieto, L. (2005). *Calor glacial.* Arcopress, España.

El calentamiento global es un área de investigación que recibe en Estados Unidos 4.000 millones de dólares al año, lo que sin duda puede introducir algunos sesgos y prejuicios a la hora de tomar decisiones.[73]

Expertos de varios países afirman que «el negocio del calentamiento global» en Naciones Unidas es aún mayor que «el negocio de la pobreza», donde más de la mitad del dinero se va en planificación, estructura y funcionamiento de una gran burocracia, y bastante menos de la mitad llega a los pobres. Esto implica muchos cientos de millones de dólares en contratos en muchas partes del mundo.

Si bien el IPCC pronostica un incremento de la temperatura de entre 1,5 y 4,5 °C de aquí al año 2100 y un incremento del nivel del mar de entre 10 centímetros y 1 metro, sus conclusiones son cautas. Maneja varias hipótesis, recomienda la prevención y realizar estudios de costo-beneficio. Es el uso a veces sesgado e intencionado lo que da fragilidad a la hipótesis y provoca irritación en sectores académicos.

De hecho, la mayoría de los opositores a la hipótesis del calentamiento de origen antrópico son físicos, climatólogos, oceanógrafos, vulcanólogos, paleoclimatólogos, por lo general alejados de las burocracias internacionales del medio ambiente.

LA HIPÓTESIS MÁS MOLESTA: EL ENFRIAMIENTO GLOBAL

Profundizando la discrepancia con las conclusiones del IPCC otros científicos pronostican el enfriamiento del planeta. No solo Landscheidt[74] augura un largo período frío con su pico máximo en torno al año 2030, basado en la variabilidad de la actividad solar. Abdusamatov, director del observatorio Pulkovo de San Petersburgo, al frente de un equipo de científicos rusos, asegura que para mediados de este siglo se vivirá una mini edad de hielo como la ocurrida en la

---

73 *Ibid.*

74 Landscheidt, Th. (1998). *Solar activity: A Dominant factor in climate dynamics.* Schroeter Institute.

segunda mitad del siglo 17 (que a su vez puso fin a un largo período de varios siglos de calentamiento global).

Según Abdusamatov, el enfriamiento se deberá a la baja actividad solar y el período más frío ocurrirá entre 15 a 20 años después que el más grande de los mínimos solares haya ocurrido hacia el 2035 y el 2045.[75]

Cada vez más científicos especializados en astronomía y astrofísica, entre los que se puede destacar al astrónomo belga Dirk Callebaut o al físico de la NASA David Hathaway, se afilian a la hipótesis del enfriamiento, respaldando a Landscheidt.

Recientemente un equipo de científicos chinos concluyó que es más acertado pronosticar el enfriamiento que el calentamiento.[76]

UNANIMIDADES INCÓMODAS

Por último debemos hacer referencia a la preocupante unanimidad que se está generando en los ámbitos «oficiales» en torno al calentamiento global, sin que exista la exigencia de constataciones científicas, al nivel de las requeridas usualmente para temas que implicarán cambios en las políticas de producción e incluso en los hábitos de consumo de gran parte del planeta.

El informe *La lucha contra el cambio climático* es un libro de casi 400 páginas cuyas primeras palabras son: «El cambio climático es un hecho comprobado por el mundo de la ciencia». Con la contundencia de esta afirmación se desincentiva cualquier discrepancia o duda.

Si bien esa afirmación es cierta, el clima siempre está cambiando; más aún, aparentemente también es cierto que la tendencia actual es al calentamiento; lo que se intenta discutir en algunos ámbitos científicos es si ese calentamiento es principalmente de origen antrópico o es provocado principalmente por la acción del Sol y si responde

---

75 Agencia de noticias Novosti (2007). http://en.rian.ru/russia/20070115/59078992.html. Entrevista al Dr. Abdusamatov.

76 Zhen-Shan, L. y S. Xian (2007). «Multi-scale analysis of global temperature changes and trend of a drop in temperature in the next 20 years». *Meteorology and Atmospheric Physics* 95: 115-121.

a ciclos naturales o seguirá incrementándose a menos que intervengamos, lo cual es un debate esencial para establecer las causas y en función de ello las posibles soluciones.

Sin embargo, esa formulación efectista al inicio del informe del IPCC parece reflejar una intencionalidad de presentar como indiscutibles sus conclusiones y de alimentar el nuevo paradigma ambiental, desestimulando cualquier debate. Y una vez establecida la Verdad, comienza a relativizar las afirmaciones. El informe continúa de esta manera: «Si bien es difícil predecir el impacto de las emisiones de gases de efecto invernadero, y son muchas las incertidumbres en la ciencia, que minan su capacidad predictiva...». El resto del informe va adoptando un enfoque más cauto. Incluso se reconoce por ejemplo que el estudio del comportamiento de las partículas en la atmósfera será crucial para corregir los modelos de GCM que hoy son muy imperfectos, ya que es posible que muchas de estas partículas de las emisiones humanas reflejen la energía solar incidente, impidiendo que llegue a la superficie terrestre y teniendo un efecto refrigerante parcialmente compensatorio del efecto de calentamiento global, que no está siendo considerado por los modelos y que haría que las estimaciones de calentamiento fueran sensiblemente menores.

En términos generales, el famoso informe del IPCC en que se basan las políticas en la materia de muchos países y el discurso de muchos tomadores de decisión es un documento de divulgación, con muy pocas demostraciones científicas, y con tramos verdaderamente especulativos, que basa su legitimidad en que es respaldado por la ONU. Difícilmente se lo pueda considerar una verdad indiscutible.

El presidente de la República Checa Václav Klaus, en su artículo «Lo que está en peligro no es el clima sino la libertad», dice: «Resistamos la politización de la ciencia y opongámonos al término "consenso científico", que siempre es alcanzado por una minoría vociferante, y nunca por la mayoría silenciosa».[77]

---

77 Klaus, V. (2007). «Discurso pronunciado por el Presidente de República Checa Václav Klaus en Chatham House». Londres, 7 de noviembre.

En definitiva, el calentamiento global es uno de los temas en los que la globalización atenta contra la diversidad de opinión y de acción. Rápidamente se ha ido construyendo una unanimidad con cierta tendencia autoritaria. Naciones Unidas, la mayoría de los gobiernos, ONG ambientalistas, personas e instituciones dependientes financieramente de este discurso, han contribuido a construir un pensamiento único que luego provoca un efecto de cascada en la opinión pública del estilo de «si todos opinan eso, entonces debe ser cierto», y un efecto de segregación y anulación de los expertos disidentes.

En resumen, en ámbitos científicos ya no se discute que ocurren cambios climáticos y que en la actualidad existe un incremento en la temperatura del planeta (que tal vez se detenga naturalmente y comience un período de enfriamiento). Lo que sí se discute es si este calentamiento se debe fundamentalmente a las emisiones provocadas por el hombre o tiene causas naturales. Y en función de eso, la validez de las soluciones propuestas.

¿Con paneles solares y molinos es posible industrializar un país de África en una medida suficiente como para comenzar a satisfacer las necesidades básicas de su población? ¿O el planteo oculto es que el desarrollo se circunscriba al primer mundo y el ahorro energético profundice la brecha con los países más pobres?

¿Con energías alternativas se puede brindar calefacción a Nueva York en diciembre o iluminar las noches de Las Vegas o de Tokio, sin mencionar el obsceno derroche energético de Dubai? ¿Por qué en ninguna de estas ciudades se los ve muy preocupados por reducir los consumos energéticos?

Bajo esta última pregunta subyace el pérfido fantasma de la energía nuclear, aunque en realidad al ver los impactos sobre el ambiente y la salud provocados por las centrales térmicas y los riesgos apocalípticos pronosticados por el IPCC, empezamos a ver que la energía nuclear se parece más a Gasparín el fantasma amistoso que tiene problemas para hacer amigos porque todos le temen.

En cualquier caso, la estrategia de solución del problema con lámparas de bajo consumo y más bicicletas es tan ridículo que no amerita su discusión.

Si el calentamiento del planeta es una preocupación sincera de los gobiernos y de los organismos internacionales que los agrupan, y si el calentamiento global se debe principalmente a la quema de combustibles fósiles en el transporte individual (el 50% de la energía producida por el hombre en la actualidad es consumida por los más de 800 millones de vehículos que circulan por el mundo), ¿por qué ningún gobierno prohíbe (por ejemplo) la importación o venta de vehículos de más de 4 cilindros para uso particular?, pues con los pronósticos hechos por el IPCC, permitir la libre circulación de vehículos que derrochen consumo y emisiones es ser cómplice de intento de asesinato a las próximas generaciones. O los gobiernos del mundo no están muy convencidos de su propio discurso o están siendo cómplices del envenenamiento del futuro.

Tal vez un ejemplo caricaturesco de ello es la creciente oferta (y demanda) de las Hummer en EE.UU., especies de dinosaurios rodados que abundan en las congestionadas urbes estadounidenses, desafiando a las leyes de la selección natural y cualquier previsión darwiniana, que seguramente pronosticarían una reproducción exitosa de vehículos pequeños, ágiles y eficientes, en lugar de esos bestiales íconos rodantes del militarismo moderno.

Una verdadera política ambiental para reducir las emisiones de CO_2 debería abordar las fuentes fijas (centrales térmicas) y las fuentes móviles (vehículos):

- Para las fuentes fijas la acciones mas relevantes estarían asociadas al desarrollo de tecnologías para la captura y aislamiento de CO_2 en las centrales térmicas, procediendo a su enterramiento y evitando por completo que escape a la atmósfera.
- Para las fuentes móviles, consistiría por ejemplo en gravar con altos impuestos a los vehículos particulares que más consu-

man y más emitan (obligando al uso de vehículos limpios), e invertir lo recaudado en un sistema de transporte colectivo rápido, cómodo y eficiente, como forma de incentivar su uso y desincentivar el uso de vehículos particulares.

Estas acciones tendrían sin duda un costo mucho menor que la inmensa burocracia ambiental que se autoalimenta y sigue discutiendo y corrigiendo sus propios pronósticos. Pero sobre todo contribuiría de forma práctica y efectiva a la reducción del CO_2 en la atmósfera.

Pero no debemos ser ingenuos, los sistemas económicos modernos requieren del crecimiento permanente para su supervivencia, requieren promover mayores niveles de consumo y no la austeridad y el uso racional de los recursos.

De ahí que el desarrollo sustentable no pase de ser un adorno en las políticas de los gobiernos y las corporaciones. De hecho, el capitalismo moderno no está en condiciones de dar respuesta a las objeciones a la teoría de los «límites del crecimiento» del maltusianismo moderno. En realidad Malthus es atacado por igual desde filas marxistas y capitalistas, porque en su aplicación práctica ambas son ideologías esencialmente productivistas, y no pueden aceptar los límites naturales del crecimiento.[78]

---

[78] Schoijet, M. (2008). *Límites del crecimiento y cambio climático*. Siglo XXI Editores. México.

EJEMPLO 2
El fin del petróleo y la crisis energética

SE HA GENERALIZADO EL DISCURSO de que las reservas mundiales de petróleo se acercan a su fin y de que la alternativa son las energías renovables. Veremos que ambas afirmaciones son disparatadas, ni estamos cerca del agotamiento de las reservas de petróleo ni las energías renovables tendrán la capacidad de sustituirlo.

De hecho si hoy o en los próximos 50 años dejáramos de tener petróleo, no sería ninguna bendición; por el contrario, en muchos sentidos sería un desastre, y en primer lugar lo sería para el ambiente. Por mucho tiempo lo que sustituiría al petróleo sería el carbón, no el viento, las olas o el Sol. El carbón que es infinitamente más contaminante que el petróleo, sería más parecido a volver al siglo XIX que avanzar al XXI.

En este contexto, hay un resurgimiento de una de las fuentes de generación de energía más limpia, la energía nuclear, y de la más democrática, los biocombustibles. Si bien ambas son objeto de los más encarnizados cuestionamientos, no se proponen alternativas serias que permitan diseñar una matriz energética global, limpia, segura y equitativa.

No es un tema menor, la generación de energía está en la base de los procesos productivos y en la satisfacción de todas las necesidades de la población. Las decisiones que se tomen hoy en materia energética serán determinantes para la forma en que vivan nuestros hijos y nuestros nietos: si hay un campo en el que es imprescindible contar con políticas de Estado en el contexto de cada país, es el de la energía.

¿SERÁ VERDAD QUE SE ACABA EL PETRÓLEO?

En primer lugar debemos saber que el aumento en el consumo humano de energía no es un fenómeno nuevo, sino que siempre ha ido en aumento:

- En las sociedades primitivas del Neolítico cada persona empleaba un promedio de 10.000 kcal/día, procedentes de la quema de árboles y arbustos;
- en la Edad Media el consumo por persona trepó a 22.000 kcal/día;
- actualmente el consumo energético de cada persona en los países desarrollados supera las 230.000 kcal/día.

Lo novedoso no es la aceleración en los niveles de consumo sino que tienda a concentrarse en una fuente no renovable, la quema de combustibles fósiles, sobre todo petróleo.

Si bien el petróleo ya se conocía desde hace 4.000 años, comienza a ser utilizado como fuente de energía a fines del siglo XIX y desde entonces su producción ha ido en ascenso hasta la petróleo-dependencia de hoy.

Hasta mediados del siglo XIX las energías renovables cubrían básicamente la demanda energética mundial, pero la Revolución industrial marcó el punto de inflexión. A partir de entonces el carbón, el gas y el petróleo son las fuentes de energía por excelencia.

Desde el fin de la Segunda Guerra Mundial la población del planeta prácticamente se triplicó, mientras que el consumo de energía se multiplicó por seis, energía, como dijimos, generada en su mayoría en base a combustibles fósiles. Desde entonces se viene anunciando el fin de la era petrolera y sin embargo no es tan claro que el petróleo se esté por acabar.

En realidad hasta ahora en el desarrollo de la humanidad ninguna fuente de energía no renovable se ha agotado, lo que ha sucedido es que su escasez, la dificultad de su extracción y por ende altos precios han incentivado la investigación para acceder a nuevas formas de energía, que han suplantado a las primeras antes de su agotamiento.

Incluso una vez que la vieja fuente de energía ha sido dejada en un segundo plano, el desarrollo científico y tecnológico permite descubrir nuevas reservas y se comprueba que el agotamiento pronosticado era muy lejano.

Ese fue el caso del carbón: durante la industrialización de Europa fue la fuente de energía por excelencia y desde el siglo XIX se comenzó a pronosticar su agotamiento inminente, lo que promovió el desarrollo de nuevas fuentes de energía, principalmente el petróleo. Sin embargo hoy, más de un siglo después, con las tecnologías disponibles se sabe que existen reservas de carbón como para abastecer de energía a la humanidad por cientos de años, sin emplear otras fuentes.

Cualquier predicción hecha hace 10 años respecto a los precios del petróleo, incluso las más fantasiosas, han sido superadas ampliamente (por las subas y por las bajas). Los presupuestos y los planes estratégicos de muchos países se descalabraron en la última década. Seguramente la tendencia al alza de 2007 (rondando los U$D 150/barril) tuvo múltiples causas: la certeza de que el recurso algún día se agotará, el incremento en el consumo, la oleo-dependencia de todos los sistemas de producción, la especulación, la globalización económica, las guerras y ocupaciones de países petroleros. De la misma forma que la caída del precio en 2009 (rondando los U$D 30/barril) también fue multicausal.

Ante cada crisis petrolera mundial (1979, 2007), la mayoría de los países no-petroleros realizan importantes esfuerzos de investigación científica y tecnológica para el desarrollo de nuevas fuentes de energía. El sol, el viento, las mareas, la geotermia, la biomasa, los biocombustibles, ocupan el centro de la atención como fuentes inagotables de energía y ya se han obtenido auspiciosos avances. Simultáneamente la energía nuclear aparece como el sustituto energético más claro y potente, que de acuerdo con las reservas de uranio conocidas estará disponible por miles de años.

Pero no solo aumenta el consumo de energía en forma sostenida, aumenta en forma desigual, lo que desde el punto de vista civilizatorio es un despilfarro. Si la concentración de la riqueza es una característica de nuestra época, la concentración del confort es una de sus manifestaciones. Más de 1.500 millones de personas viven hoy sin electricidad, y en algunos países africanos el consumo por habitante es 50 kv/hora al año (contra más de 8.500 kv/hora en los países desarrollados).

Pese a este complejo panorama, muchos voceros del movimiento ambientalista se siguen oponiendo a la construcción de represas, al desarrollo de la energía nuclear, al carbón y a los biocombustibles; proponiendo el sol y el viento como componentes principales de una matriz energética global, lo que a la luz del incremento permanente del consumo mundial de energía (se estima que se duplicará para 2050), del escaso desarrollo tecnológico de las fuentes fotovoltaicas y eólicas, y de sus elevados costos, no representa una alternativa seria por el momento.

Un reciente informe de Greenpeace estima que para el año 2050 el 50% de la energía consumida en el planeta podría ser renovable, con referencia en las potencialidades de la energía eólica y solar.[79] Usualmente se habla del crecimiento de las energías renovables como un proceso muy auspicioso, lo cual es cierto. Y se compara el crecimiento porcentual de varios dígitos en las energías eólica y solar, respecto a las energías en base a petróleo que crecen a un ritmo menor al 2% anual.

Pero en realidad, la energía eólica no supera un 0,1% del total de la energía consumida en el planeta, por lo que el crecimiento de 2% del consumo de petróleo es 300 veces más importante que el crecimiento de la energía eólica.

Si bien es cierto que todas las energías renovables están creciendo en el mundo (la generación de energía eólica se multiplicó por 20 en los últimos 20 años y la energía solar creció aún más en ese período),

---

79 EREC – European Renewable Energy Council & Greenpeace (2007). «Energy revolution. A sustainable world energy outlook». http://news.bbc.co.uk/nol/shared/bsp/hi/pdfs/25_01_07_energy_revolution_report.pdf

pese a lo que diga Greenpeace, no son más que un tímido complemento de las fuentes principales y por el momento no constituyen una alternativa a los combustibles fósiles.

Se oye muy bien decir que debemos producir la energía eléctrica con base eólica y solar (fuentes que por otra parte no se acumulan fácilmente y que dependen de las condiciones meteorológicas), pero deberíamos explicarles cómo hacer eso a los responsables de iluminar las capitales del mundo, de abastecer los sistemas de transporte eléctrico, de calefaccionar y refrigerar las ciudades.

De hecho un duro golpe a las posiciones ambientalistas lo asestó el famoso autor de la teoría Gaia, Lovelock, que hasta conocerse su posición sobre la energía nuclear era un referente obligado del movimiento ambientalista:

El concepto de energías renovables suena bien, pero hasta ahora son poco eficaces y muy caras. Tienen futuro, pero no tenemos tiempo para experimentar con ellas: la civilización se enfrenta a un peligro inminente y tiene que recurrir a la energía nuclear o resignarse a sufrir el castigo que pronto le infligirá un planeta indignado [...] Debemos vencer el miedo y aceptar la energía nuclear como una fuente de energía segura y probada que causa perjuicios mínimos a escala global. Hoy es tan fiable como pueda serlo cualquier otro sistema en el que intervenga la ingeniería humana y tiene las mejores estadísticas de seguridad de todas las fuentes de energía a gran escala.[80]

Muy posiblemente en un futuro cercano la energía nuclear será un sustituto del petróleo y del carbón en las centrales térmicas de generación de energía eléctrica, mientras que los biocombustibles constituirán una alternativa real de sustitución de hidrocarburos refinados para los motores de los vehículos.

---

80 Lovelock, J. (2007). *La venganza de La Tierra. La teoria de Gaia y el futuro de la humanidad.* Editorial Planeta.

En base a la fisión nuclear y a los desechos agroindustriales se racionalizará el consumo de combustibles fósiles en las próximas décadas. Por esta razón y porque son dos de las fuentes de energía más cuestionadas en la actualidad, en este capítulo nos dedicaremos especialmente a la energía nuclear y a los biocombustibles.

Pero un aspecto no menor (y sobre el que se construyen todos los argumentos del IPCC) es el de las emisiones atmosféricas; es claro que a este ritmo el petróleo no será eterno ni mucho menos, y aunque su agotamiento parecería ser una buena noticia para la atmósfera, no es tan así. Aparentemente si consumimos petróleo emitimos CO_2 y contaminamos, pero si no consumimos… también.

Recientes proyecciones hechas por investigadores de varias empresas petroleras multinacionales indican que estamos a pocas décadas del máximo de producción de petróleo y que a partir de ahí comenzará a disminuir la disponibilidad de crudo. Más allá de que se pueda sospechar que detrás de esta predicción exista una cierta intención especulativa a fin de promover incrementos en el precio internacional del petróleo ante el anuncio de su inminente escasez, es muy probable que nos acerquemos a máximos posibles de explotación. (También es cierto que existen teorías respecto a la generación de petróleo que proponen cierta renovabilidad del recurso, pero jamás para los ritmos de consumo actuales.)

Así que si sucede lo previsible (comienza a escasear, sube el precio, se racionaliza el consumo), se reducirán las emisiones de gases de efecto invernadero de origen antrópico mucho antes de que ocurran los catastróficos efectos sobre el clima anunciados por el IPCC.

Sin embargo, esto también es una verdad a medias. Las fuentes de energía que sustituirán al petróleo a corto plazo (no para el transporte pero sí para las fuentes fijas como las centrales térmicas) no serán el viento y el sol, ni siquiera la fisión nuclear (que tiene millones de detractores, entre los que se cuentan gobiernos con distinto grado de demagogia y el movimiento ambientalista), sino el carbón, que está disponible en grandes reservas en amplias zonas del planeta (y que aunque sea la forma de energía más venenosa para la atmósfera, no provoca reacciones sociales ni gubernamentales de importancia). Y las emisiones de la quema de carbón con las tecnologías disponibles hoy son mucho peores para el efecto invernadero que las de la quema de petróleo. Por lo tanto, el agotamiento del petróleo no necesariamente nos salvaría de las predicciones del IPCC; tal vez al ser sustituido por el carbón, lo empeoraría.

Incluso para los automóviles, si bien los biocombustibles jugarán un rol importante, gran parte de la sustitución energética, al escasear el petróleo, consistirá en la electricidad, pero esa electricidad en su mayoría será producida por carbón y no por el viento, las olas o el sol.

Aunque de modo permanente se descubren nuevos y enormes yacimientos de gas y petróleo (recientemente en la plataforma continental del mar territorial de Brasil y hallazgos similares en otros países), es claro que el crudo escaseará y los precios subirán por lo que es necesario buscar otras fuentes sustitutas. Esto es válido sobre todo para los países no-petroleros.

En definitiva, aunque lo más probable no es el agotamiento inminente del petróleo sino el desarrollo de nuevas fuentes de energía más limpias y baratas que desincentiven su uso, como opina Lomborg, «no se trata de que debamos asegurar todos y cada uno de los recursos existentes para todas las generaciones venideras (cosa por otra parte imposible) sino de aportar a esas generaciones futuras el suficiente capital y conocimiento para que puedan obtener una calidad de vida al menos tan buena como la nuestra».[81]

EL PETRÓLEO QUE SE DERRAMA EN EL MAR

Los problemas ambientales de la petróleo-dependencia no son solo las emisiones atmosféricas que contribuyen al efecto invernadero. Uno de los daños ambientales más visibles asociados al petróleo lo constituyen los derrames accidentales, por lo que nos detendremos

---

[81] Lomborg, B. (2005). *El ecologista escéptico.* Editorial Espasa.

a modo de ejemplo en el último derrame de grandes dimensiones, el del buque *Prestige*, que cargado con más de 75.000 toneladas de fuel se hundió en el año 2002 en las costas occidentales de Europa, provocando una marea negra que cubrió 1.500 kilómetros entre España, Francia y en menor medida Portugal.

Aunque al hablar de derrames de hidrocarburos el primer dato que escuchamos es el volumen derramado, desde el punto de vista ambiental es más importante el tipo de producto derramado y especialmente su viscosidad. Los productos livianos, más refinados, se evaporan y dispersan rápidamente y su impacto sobre el ambiente suele ser limitado, mientras que los productos más viscosos como los crudos pesados o el fuel, aun en volúmenes pequeños pueden ser ambientalmente más dañinos.

Los productos pesados no solo emulsionan con el agua desplazándose y permaneciendo durante mucho tiempo, sino que se depositan sobre el lecho marino aumentando sus impactos sobre la biota. El fuel que se derramó del *Prestige* fue de los más pesados y ecotóxicos.

Los niveles de intervención más importantes en gestión ambiental son *prevención, control, remediación y compensación*, siendo los niveles más tempranos los deseables. Obviamente una vez que ocurre un derrame de combustible de grandes proporciones ya no es posible *prevenir*, incluso las posibilidades de *control* suelen ser limitadas y las intervenciones se centran en la *remediación* ambiental, es decir, la limpieza de sitios contaminados, esto es restablecer las condiciones originales del medio con ayuda humana; pero en caso de que esto ya no sea posible y los daños ambientales sean irreversibles se deberá *compensar* a las comunidades perjudicadas.

Si bien existen muy variadas tecnologías de remediación, que dependen del tipo de contaminante y de la matriz o sustrato afectado, la remediación ambiental ha demostrado ser una estrategia solamente efectiva en situaciones acotadas con daños ambientales muy localizados y no de grandes dimensiones. Un pequeño derrame de gasoil en la arena de la playa al cargar combustible en una embarcación, puede ser atacado con técnicas de remediación, por ejemplo extraer la arena contaminada, someterla a biorremediación mediante la siembra de microorganismos que degradan hidrocarburos y luego reponer la porción de arena en su sitio original. Pero 75.000 toneladas de crudo en el mar es otra historia.

De hecho, cada vez se cuestiona más en ámbitos científicos la eficacia de las medidas de limpieza o remediación de los ecosistemas costeros posteriores a los derrames de petróleo. Hay especialistas que consideran que solo se debe recoger el petróleo libre en el agua y dejar que se biodegrade el que se deposita sobre matrices sólidas o semi-sólidas. Se han realizado comparaciones entre ecosistemas (en playas y en costas rocosas) donde no se ensayaron tareas de limpieza respecto a otros donde sí se realizaron y aquí también la intervención humana no parece ser muy positiva. Lo que se cuestiona es la remediación ambiental como estrategia principal, no como herramienta complementaria.

Se pueden prevenir los derrames mediante doble casco de los buques tanque, alertas más tempranas de dificultades en las rutas de navegación, entre otras medidas, pero difícilmente se pueda remediar eficazmente el ambiente contaminado una vez que el derrame ocurrió.

Las causas de la ineficacia de la remediación están asociadas a la complejidad de los ecosistemas, al concepto de *sucesión ecológica*, que nos dice que cada comunidad biótica que habita un ecosistema va madurando para dar paso a nuevas comunidades: sin la primera preparando el terreno, las segundas no lo podrán colonizar.[82]

Aplicando esta idea al ejemplo de los derrames y la limpieza de las playas y costas rocosas, muchas comunidades bióticas se sucedieron a lo largo de miles de años para llegar a los equilibrios actuales. Esas rocas fueron «trabajadas» por la acción dinámica del agua y por las secreciones de pequeños organismos que las colonizaron, generando las condiciones para que las larvas planctónicas de los moluscos bivalvos al realizar la última metamorfosis se adhirieran exitosamente

---

82 Smith, R.L y T.M. Smith (2001). *Ecología*. Editorial Addison Wesley.

a las rocas para comenzar su vida sésil. Estos moluscos fueron la base de alimentación de poblaciones de peces y sus conchas al caer al fondo fueron el sustrato para el asentamiento de otras comunidades bentónicas que alimentaron a otras especies de peces. En ocasiones estos procesos demoran miles de años.

Podríamos seguir describiendo las largas y complejas relaciones tróficas existentes en las sucesiones ecológicas, pero lo importante es que quede clara la diferencia entre lavar una roca dejándola bien limpia… y remediación ambiental.

Ante la presencia del hidrocarburo que no pudo ser recogido, muchas especies se irán adaptando luego de los dramáticos efectos iniciales, y a medida que este hidrocarburo se degrada las comunidades sobrevivientes se irán recuperando. Pero la «limpieza» de esas rocas en muchos casos modifica aún más las condiciones ambientales, es una nueva intervención humana que se suma al derrame, eliminando los vestigios sobrevivientes de las comunidades bióticas que luchan por adaptarse y reduciendo sus posibilidades de autorrecuperación.

Obviamente esto no cuestiona en absoluto el trabajo de voluntariado para limpiar animales empetrolados (pingüinos, cormoranes, focas, leones marinos, etc.) que realizan miles de ONG, evitando que estos animales mueran por efecto del petróleo, además de contribuir a la difusión del problema y a la educación ambiental, más allá del escaso efecto real que tienen sobre el ecosistema estas iniciativas de limpieza.

Cuando se evalúan los costos de remediación ambiental por derrames petroleros se consideran los costos de limpieza y los costos derivados de indemnizaciones y distintos tipos de compensaciones. En el caso del *Prestige*, estos rubros ya han superado los 10.000 millones de dólares.

Vale aclarar que por *compensación ambiental* se entiende al conjunto de mecanismos que el Estado, las empresas y la sociedad pueden adoptar para reponer o indemnizar por los daños inevitables que cause la ocurrencia de un impacto ambiental. Las compensaciones pueden ser efectuadas en forma directa en el sitio del impacto ambiental, en zonas aledañas o en zonas más propicias para su reposición o recuperación.

Pero esas indemnizaciones ¿cubren al ambiente o solo a las personas?, y ¿cuánto cuesta la biodiversidad afectada? Que se pague el lucro cesante a los pescadores artesanales o a los operadores turísticos locales, ¿mitigará en algo los impactos provocados sobre el medio biótico, sobre las complejísimas redes tróficas del área costera? Estas preguntas no han sido debidamente respondidas entre otras razones porque aún no se sabe con certeza cuán permanentes son los daños.

El caso del *Exxon Valdez*, en el que se derramó la mitad de crudo que en el *Prestige* (37.000 toneladas) pero el ambiente (costas de Alaska) parece ser mucho más frágil y sensible a este tipo de accidente, se ha vuelto especialmente controversial en los últimos años.

A raíz de la repercusión mediática de este derrame, en la que se magnificaron irresponsablemente los daños sobre la fauna marina, varios grupos de científicos se abocaron a estudiar en profundidad la magnitud real de la destrucción y su reversibilidad. Algunos de los hallazgos fueron sorprendentes; en resumen concluyeron que los impactos no tuvieron las dimensiones que la prensa presentó, que las especies de la fauna marina no fueron afectadas en forma irreversible y tienden a recuperarse y que la autodepuración de los ecosistemas está ocurriendo a ritmos mucho más rápidos que los pronosticados.[83]

Ante aquellas imágenes de aves marinas empetroladas que conmovieron a la opinión pública, varios científicos han señalado que en EE.UU. mueren cada día más aves al golpearse contra ventanas que las que murieron en todos estos años por los efectos del derrame del *Exxon Valdez*; más precisamente, en ese país mueren cada año más de 1.000 millones de aves al estrellarse contra los vidrios y más de 500 millones de aves por chocar contra torres de alta tensión y de telefonía móvil. Tal vez la comparación resulte irritante, pero es

---

83 Holden, C. (1990). «Spilled oil looks worse on TV». *Science* 250: 371.

un ejemplo del uso de especies simbólicas que cargamos de afectos y emociones en desmedro de las que matamos sin piedad.

El debate respecto a la reversibilidad de los daños provocados por los derrames y los costos de la pérdida de biodiversidad está totalmente abierto. Pero qué necesarios serían esos 10.000 millones de dólares del *Prestige* en la prevención de nuevos derrames en todo el mundo y qué ineficiente resulta su gasto en remediación ambiental.

Intentamos explicar con estos ejemplos que la remediación ambiental puede ser una estrategia para el caso de un derrame puntual y acotado en una zona de la playa, pero es una estrategia ineficiente para grandes desastres ambientales.

Tanto en el derrame del *Exxon Valdez* como en el del *Prestige* la estrategia principal fue el control; luego de haber controlado el derrame se procedió a la remediación. Seguramente si la estrategia hubiera sido la prevención el resultado hubiera sido otro, más eficiente y barato.

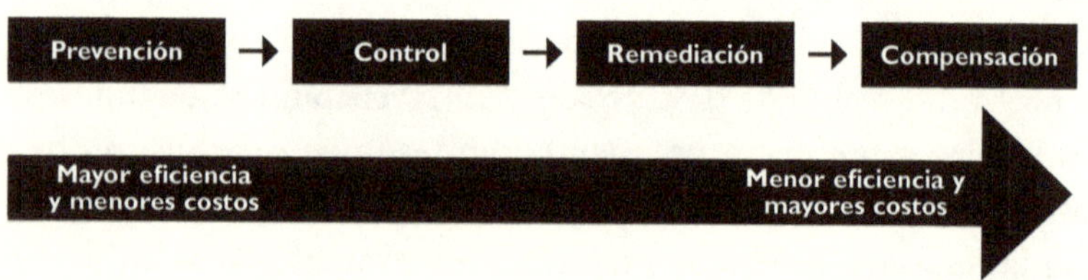

En el caso del petróleo, la ineficacia de la remediación como estrategia no es solo aplicable a derrames en el mar. Otro ejemplo muy difundido de los daños ambientales asociados al uso de combustibles fósiles se refiere a las emisiones atmosféricas (de fuentes móviles o fijas), de las que precipitan metales pesados como el plomo usado como aditivo en los combustibles, que luego abandona la atmósfera depositándose en el suelo y las hojas, para incorporarse a las redes tróficas. Cuando se trata de un caso puntual se podrá proceder a la inmovilización del plomo y a la remediación de la matriz contaminada, pero si es un barrio entero o una ciudad (como sucede en varios países del tercer mundo) será imposible tecnológica y económicamente resolver el problema. Niños con carencias nutricionales son víctimas de la plombemia y en casos extremos tendrán secuelas terribles que los acompañarán toda la vida.

En este caso de contaminación por metales pesados en grandes extensiones de suelos urbanos y sus impactos sobre la salud de la población, la remediación es una estrategia poco eficiente y al igual que en el caso del derrame del buque *Prestige* el mayor esfuerzo terminará en indemnizaciones y compensaciones económicas. Nuevamente podríamos preguntarnos: ¿qué tienen de ambiental las indemnizaciones? O incluso: ¿con cuánto indemnizar a una madre cuyo hijo perdió las capacidades motoras o tiene trastornos neurológicos permanentes por acumulación de plomo en su organismo?

Como en un derrame de petróleo, aquí la prevención es mucho más eficiente que la remediación o la compensación. Los filtros en el escape de los vehículos o los lavadores de gases y filtros en las chimeneas, son medidas de control que pueden evitar que las emisiones gaseosas transporten metales pesados hasta el medio receptor y provoquen impactos sobre el ambiente y la salud. Pero antes que estas medidas de control, podemos prevenir eliminando los metales de las gasolinas, que es la tendencia actual.

Ante esta perspectiva ambiental y económicamente compleja del petróleo, las energías «renovables» (que se obtienen de fuentes naturales inagotables), principalmente eólica y solar, son presentadas usualmente como una alternativa válida para sustituir a los combustibles fósiles como fuente de energía. Sin embargo, esto es un error enorme.

En 1998, el Instituto de Investigación en Energía Eléctrica (EPRI, por sus siglas en inglés) de EE.UU., encomendó a un grupo de cerca de 50 científicos de distintos países que analizara las necesidades de consumo energético del hombre para 2050, suponiendo que para ese entonces la Tierra estará habitada por entre 9.000 y 10.000 millones de personas. El grupo de científicos llegó a la conclusión de que la energía nuclear es la única confiable para satisfacer esa demanda futura de energía. Y que maximizando los esfuerzos por desarrollar las energías renovables para el año 2050 se podría llegar a cubrir apenas el 6% de la demanda mundial.

Todas las fuentes de energía tienen problemas ambientales que deben ser gestionados; incluso las llamadas energías renovables y alternativas, en apariencia limpias e inobjetables, tienen problemas ambientales (residuos sólidos con metales pesados en los paneles solares, contaminación sonora y mortalidad de aves en la energía eólica, etc.).

Muchas otras investigaciones coinciden en que las energías renovables serán un complemento valioso pero nunca la base de la matriz energética. Por lo tanto no caeremos en la tentación de abocarnos a discutir fuentes de energía que pese a su vistosidad y a estar en todos los discursos y planes de gobierno, no se transformarán a medio plazo en una alternativa real a las fuentes de energía actuales.

Nos enfocaremos en dos ejemplos que están siendo severamente cuestionados, tal vez porque están creciendo en forma amenazante: la energía nuclear y los biocombustibles.

LA ENERGÍA NUCLEAR: ¿PROBLEMA O SOLUCIÓN?

Una de las fuentes alternativas al consumo de petróleo para generación de energía eléctrica es la fisión nuclear, pero la oposición a esta forma de energía ha frenado su desarrollo de forma significativa. Un movimiento ambientalista decididamente opositor, una ciudadanía atemorizada por el riesgo de un accidente nuclear, la sospecha de desarrollo de armas de destrucción masiva y un discurso demagógico en algunos gobernantes han contribuido a desprestigiar una energía que con los debidos cuidados puede ser más limpia y segura que cualquier otra. Veamos brevemente de que se trata la fisión nuclear.

Todo comenzó cuando Albert Einstein relacionó la energía con la masa, en su fórmula $E=m.c^2$, que aunque él creyó que tenía un carácter totalmente teórico y nunca permitiría la generación de energía nuclear, pocos años después dio paso a que el físico Enrico Fermi lograra la primera reacción en cadena controlada de fisión nuclear, y a que en 1956 se inaugurara Calder Hall, la primera central nuclear comercial del mundo, ubicada en Reino Unido.

El proceso se basa en el hecho de que los átomos tienen un núcleo de protones alrededor del cual giran los electrones en igual número y las propiedades de los elementos están determinadas por la cantidad de electrones que gravitan en cada orbita en torno a ese núcleo. Los protones del núcleo están a su vez asociados a los neutrones, cuyo número sí puede variar sin que esto modifique las propiedades del elemento.

Todos los átomos que tienen el mismo número de protones pero no de neutrones se llaman isótopos. Para cada elemento la relación entre protones y neutrones en su núcleo atómico es relativamente estable. La inestabilidad de algunas relaciones de isótopos es el origen de la radiactividad.

El proceso de fisión nuclear consiste en que núcleos de átomos llamados fisibles, que tienen la rara propiedad de partirse o fisionarse liberando neutrones, colisionan con los núcleos de átomos cercanos fisionándolos y liberando más neutrones, reacción que en cadena libera grandes cantidades de calor. Los fragmentos resultantes se re-constituyen formando nuevos elementos, en muchos casos radiactivos.

Por ejemplo, un núcleo de isótopo radiactivo (como el uranio$_{235}$) es bombardeado por neutrones, que fisionan el uranio generando átomos más pequeños y más neutrones que bombardean estos nue-vos átomos: así se produce la reacción en cadena que genera grandes cantidades de energía que se emplea para calentar agua que mueve turbinas de generación eléctrica.

Actualmente existen cerca de 440 reactores en funcionamiento, y mientras que varias potencias emergentes (China, Tailandia, Vietnam, India, Egipto, Indonesia, Jordania, Turquía, entre otros) proyectan construir nuevos reactores, en el viejo mundo otros son sacados de operación. Sin embargo el balance es claramente de crecimiento y algunos países desarrollados están reincorporándose a una política de desarrollo de la energía nuclear. EE.UU. proyecta construir 30 nuevas centrales, está autorizando aumentos de potencia y la extensión de la vida útil de muchas de las existentes. Italia se apresta a derogar la prohibición de instalación de centrales nucleares, y otros países europeos van por el mismo camino. Especialmente importante es el impulso de India, que además de aumentar significativamente la cantidad de centrales nucleares, diseña y fabrica reactores medianos y pequeños que está exportando a muchos países.

Este crecimiento de las instalaciones nucleares ha puesto sobre la mesa varias preguntas clave.

¿LA FISIÓN NUCLEAR DARÁ INDEPENDENCIA ENERGÉTICA A LOS PAÍSES NO-PETROLEROS?

En un escenario de generación de electricidad a partir de energía nuclear, para países emergentes la dependencia científica, tecnológica y operativa puede aumentar.

La mayoría de los países del tercer mundo cuenta con una cantidad importante de profesionales, técnicos, obreros, empresas de mantenimiento, logística, etc., vinculados a la generación de energía eléctrica a partir de combustibles fósiles, pero no para energía nuclear. Desarrollar todas esas capacidades a nivel local en países pobres (o en vías de desarrollo) no es solo un problema de tiempo; a muchas de ellas directamente no podrán acceder y la dependencia se profundizará.

El enriquecimiento de uranio es un proceso técnicamente muy complejo (mucho más que la refinación de crudo) que solo algunos países desarrollan, lo que implicará una mayor dependencia de procesos desarrollados en el primer mundo. El club de los países enriquecedores de uranio es muy exclusivo y no entra cualquiera. De hecho, algunos países que intentan entrar son satanizados por la supuesta vinculación del enriquecimiento de uranio con la industria armamentista.

En los países desarrollados se insinúa una desaceleración en la instalación de centrales nucleares, incluso algunos países se han puesto plazos para ir retirando de funcionamiento las que tienen actualmente operativas. Es posible que esto concentre y profundice la dependencia tecnológica de los países del tercer mundo embarcados en estos nuevos proyectos.

¿SUSTITUIR EL PETRÓLEO POR LA FISIÓN NUCLEAR PERMITIRÁ BAJAR LOS COSTOS DE LA ENERGÍA?

Los costos de instalación y operación de las centrales nucleares no están estandarizados. La experiencia en la mayoría de los casos es que los costos se subestiman en la etapa de proyecto, pero en la etapa operativa aparece una gran cantidad de aspectos no considerados. La información en este aspecto es intencionadamente vaga.

Si bien las opiniones están muy divididas, se podrían resumir en que los reactores nucleares son caros de construir y baratos de operar, por lo que mientras más rápido entren en operación más rentable será la ecuación. Sin embargo, es muy raro que una central nuclear se construya en menos de un par de décadas.

En los países que sustentan su matriz energética en la energía nuclear, los precios de la electricidad no son menores que en los países con otras fuentes de energía.

Un aspecto operativo que da mayor complejidad al asunto es que los gobiernos usualmente se obligan a asegurar el suministro de energía eléctrica a toda la población, por lo que deben contar con fuentes de respaldo para toda la capacidad de generación instalada, es decir que si falla una fuente de generación exista de inmediato otra que la sustituya. Esto implica que al instalar una central nuclear, se debe contar con un respaldo seguramente fósil para toda la generación prevista, ya que las energías renovables aún no están en condiciones de dar esta respuesta rápida, masiva y segura. Este respaldo debe ser considerado en los costos de inversión y posiblemente elevará los precios de la electricidad.

En definitiva, la electricidad generada a partir de fisión nuclear no necesariamente es más barata ni contribuye a la independencia energética, y un error generalizado producto de la desinformación es creer que podrá sustituir a los combustibles fósiles en el corto plazo.

No obstante tampoco es cierto, como veremos más adelante, que sea ambientalmente más peligrosa que otras fuentes de generación. Los riesgos se gestionan, se previenen y la exposición a éstos se puede reducir a niveles despreciables. Si generamos energía nuclear en un galpón con goteras (parecido a Chernóbil) el riesgo será mayor que si lo hacemos en alguna de las centrales que cuentan con muy altos estándares de seguridad en EE.UU., Francia o Japón. Esto, al contrario de cuestionar la energía nuclear, lo que cuestiona es la poca rigurosidad en el manejo de aspectos ambientales críticos.

¿LOS RIESGOS DE LA ENERGÍA NUCLEAR,
PARA EL AMBIENTE Y LA SALUD, SON INADMISIBLES?

En primer lugar se debe aclarar que la energía nuclear es la única de las fuentes masivas de energía (cerca del 40% de la energía consumida en Europa y el 15% a nivel mundial proviene de la fisión nuclear) que no genera emisiones de gases de efecto invernadero, por lo que sería la más compatible con las recomendaciones del IPCC.

También podríamos señalar que una tomografía computada (examen médico para detección temprana y prevención) somete a la persona irradiada a una exposición similar a la máxima que, según la OMS, puede recibir un operador de una central nuclear durante un año de trabajo.

Sin embargo, la energía nuclear es objeto de la más decidida oposición por parte del movimiento ambientalista. Esta oposición se debe a que la militancia ambientalista antinuclear vincula estrechamente a la energía nuclear con las armas atómicas de destrucción masiva. Surgió a partir de las masacres de Hiroshima y Nagasaki y se reforzó en los años sesenta durante la guerra fría, cuando las superpotencias comenzaron a realizar pruebas con bombas miles de veces más potentes que las lanzadas en esas ciudades japonesas. La bomba de hidrógeno probada en esa época es 20.000 veces más potente que la lanzada en Hiroshima (cabe mencionar que esos ensayos nucleares provocaron muchísimas más radiaciones que las provocadas por el accidente de Chernóbil).

En resumen, la militancia antinuclear fue una lucha pacifista más que ambientalista, propia del siglo XX, cuando existía un riesgo real de que una guerra nuclear entre las dos superpotencias acabara con la humanidad.

El movimiento antinuclear fue sin duda una contribución significativa a la moratoria permanente de los ensayos nucleares y a consolidar la paz mundial. Tan así es que en los inicios del siglo XXI se ha disipado el temor de una guerra nuclear, ni siquiera existen dos superpotencias nucleares hegemónicas. Ahora los riesgos más significativos para la humanidad parecen estar asociados a la contaminación y no a una guerra mundial.

En este nuevo escenario, el movimiento que era de corte fundamentalmente pacifista se renovó incorporando argumentos ambientalistas, principalmente el riesgo de accidente en las centrales atómicas de generación de energía y los residuos radiactivos de esas centrales. Pero al demostrarse que se trata de temas sobredimensionados y abordados exitosamente por la ingeniería y la gestión ambiental, su lucha perdió los argumentos más sólidos: ni los riesgos de accidente nuclear ni los residuos radioactivos son un problema insoluble, que obliguen a prescindir de esa fuente de energía.

Era muy legítimo oponerse a las armas nucleares, pero de ahí a oponerse a una forma de generación de energía… Sería como que quienes nos oponemos al uso de la picana eléctrica militáramos contra las represas hidroeléctricas.

Veamos en síntesis los dos principales argumentos ambientales para oponerse a las centrales nucleares:

1. Riesgo de un accidente nuclear (el fantasma de Chernóbil)

Ya hemos comentado respecto a la construcción de la percepción del riesgo y el papel que pueden jugar los medios de comunicación, los gobiernos, el movimiento ambientalista. La mayoría de los expertos en el tema coinciden en que la probabilidad de un accidente nuclear grave es inferior a una en un millón cada año, ya que luego de Chernóbil la industria levantó significativamente los estándares de calidad y de seguridad. Sin embargo, la percepción del riesgo es de tal magnitud que la población prefiere la instalación de centrales térmicas a carbón antes que una central nuclear.

El primer accidente nuclear ocurrió en Inglaterra hace medio siglo en la central de Windscale y nunca se supo a ciencia cierta su magnitud. A partir de ese momento han ocurrido emergencias de distinta entidad en centrales nucleares en Europa, EE.UU. y en el tercer mundo.

En 1979 en la central de Three Mile Island en Pensilvania ocurrió un incidente por una válvula que de manera accidental quedó abierta, y en menos de tres horas el núcleo quedó expuesto y convertido en una masa de lava que aumentaba y estuvo cerca de provocar un desastre peor que el de Chernóbil.

Han ocurrido muchos incidentes en centrales nucleares, pero lamentablemente al hablar de accidentes en reactores es obligado hacer referencia a Chernóbil...

Las cifras de personas con riesgo de contraer cáncer a raíz del accidente de Chernóbil oscilan entre 4.000 (según la Agencia Internacional de Energía Atómica) y más de 10.000 (según Greenpeace). Aunque estas cifras no se refieren a daños reales sino a riesgos, son igualmente preocupantes.

De acuerdo con Lovelock, los ensayos con armas nucleares durante la guerra fría liberaron tanta radioactividad en la atmósfera como hubieran generado dos desastres como el de Chernóbil cada semana durante todo un año. Los vientos esparcieron restos radioactivos por todo el mundo.[84] Pero la irresponsable política de ensayos nucleares en desiertos de EE.UU. y de Argelia o en atolones de las islas polinesias no atenúa la importancia del accidente de Chernóbil, así que vamos a analizarlo brevemente.

La gravedad de los accidentes nucleares se clasifica de 0 a 7 (según la escala INES, International Nuclear Event Scale). Hasta el 4 inclusive no implican consecuencias fuera de las instalaciones donde se originó el accidente; a partir de 5 es necesario tomar medidas en el entorno (ambiental y sanitario). El accidente de Chernóbil fue clasificado 7, la peor catástrofe en la historia de la energía nuclear, afectando severamente a las personas y al ambiente, al menos en Bielorrusia y Ucrania.

La desidia oficial en el manejo de la central nuclear de Chernóbil, evidenciada desde las primeras inspecciones posteriores al accidente (la seguridad de las instalaciones y de los controles en Chernóbil eran más adecuados para almacenar granos de los campesinos bielorrusos que para generar energía nuclear), le da un tinte criminal a este desastre. Los expertos coinciden en la sumatoria de omisiones y manejo poco cuidadoso antes, durante y después del accidente:

En los estudios y experimentos realizados desde un principio, se observó que los reactores moderados por grafito y refrigerados por agua ligera (del tipo que luego sirvieron de base para los de Chernobyl) no eran aptos para la producción de energía eléctrica. Eran peligrosos durante el arranque, pues no cumplían la condición previa de todos los reactores productores de energía eléctrica de ser intrínsecamente seguros durante la operación. […] No obstante e ignorando la opinión de sus expertos, la URSS decidió construir 18 reactores de este tipo, permitiendo la ebullición del agua de refrigeración para alimentar a un turbogenerador productor de energía eléctrica. Construyeron 4 en

---

84 Lovelock, J. (2007). *La venganza de la Tierra. La teoría de Gaia y el futuro de la humanidad.* Editorial Planeta.

Chernobyl. [...] En las 18 centrales nucleares tipo Chernobyl de la antigua URSS, la experiencia es muy negativa, ya que sus reactores no son aptos para la producción de energía eléctrica, aunque son óptimos para producir plutonio altamente enriquecido para bombas nucleares.[85]

Inmediatamente después del accidente aparecieron los pronósticos más catastróficos: varios equipos de científicos de EE.UU. y Europa occidental pronosticaban la muerte de cientos de miles o millones de personas.

Pero esto en realidad no ocurrió; varios estudios epidemiológicos de sólidas bases científicas relativizaron la causalidad entre el accidente de Chernóbil y las millones de personas (directa o indirectamente) afectadas, sugiriendo que la crisis humanitaria en Ucrania y Bielorrusia se debió a la conjunción de múltiples factores, como la pobreza y desnutrición, la angustia y otros factores psicosociales causantes de estrés. De hecho, el informe de UNSCEAR (Comité Científico de las Naciones Unidas sobre los Efectos de la Radiación Atómica, por sus siglas en inglés) concluyó que las muertes directas por el accidente de Chernóbil no llegarían a un centenar.[86]

Pero si bien las conclusiones de este informe nunca fueron rebatidas científicamente, el UNSCEAR fue desautorizado por Kofi Annan, secretario general de la ONU en ese entonces, cuando declaró que existían «millones de niños víctimas de Chernóbil y que muchos morirían en forma prematura». Esa era la posición oficial de la ONU, respaldada por los medios de comunicación y por el movimiento ambientalista, independientemente de los datos científicos.

Nuevamente acuerdos políticos resuelven el diferendo desconociendo investigaciones científicas y constataciones empíricas.

---

85 Velarde, G. (2007). «La energía nuclear, segura, limpia y barata para cumplir con Kyoto». *Papeles* N° 40. Fundación para el Análisis y los Estudios Sociales – FAES. Marzo.

86 UNSCEAR - Comité Científico de las Naciones Unidas sobre los Efectos de la Radiación Atómica (2000). *Sources and effects of ionizing radiation. Report to the General Assembly with scientific annexes.*

Es posible que estos anuncios «oficiales» de la ONU, ampliados por medios masivos de comunicación y legitimados por gran parte del movimiento ambientalista, contribuyeran a construir una percepción tan terrible que terminó haciéndose tangible en deterioros de la salud (por ejemplo el incremento de abortos y enfermedades desencadenadas por el miedo y el estrés) en la zona afectada por la explosión y en otros países de Europa. Millones de personas en todo el mundo seguían por televisión el desplazamiento de una supuesta nube asesina que desafiando las leyes de la física atmosférica recorría Europa sembrando muertos a su paso, muertos que luego no aparecieron.

La percepción del riesgo tuvo un efecto sanitario más nefasto que el accidente nuclear en sí mismo. Los actores globales jugaron un rol multiplicador de los temores y de la percepción del riesgo, aportando más al problema que a la solución.

> La exposición de todos los que viven en el norte de Europa a la radiación de Chernobyl reducirá su esperanza de vida entre una y tres horas [...] Es muy posible que Chernobyl les haya costado a algunos habitantes de Ucrania y Bielorrusia varias semanas de esperanza de vida.[87]

Este cauto diagnóstico, de amplio respaldo científico, es obviado y desautorizado por las afirmaciones tremendistas, provenientes por igual de medios de comunicación y de organismos de Naciones Unidas.

Como dijimos, la mayoría de los expertos en el tema avalan que la probabilidad de un accidente nuclear grave es inferior a una en un millón cada año, pese a lo cual la percepción del riesgo por parte del público es enorme. Sin perjuicio de la transformación mediática y política de un accidente ambiental de dimensiones locales en un

---

87 Lovelock, J. (2007). *La venganza de la Tierra. La teoría de Gaia y el futuro de la humanidad.* Editorial Planeta.

«desastre global» (que genera temor en la población de todo el planeta), recientes avances de la biología celular y molecular sugieren que muy bajas dosis de radiación afectan no solo a las células irradiadas, sino también a las células vecinas, provocando enfermedades que hasta hace poco tiempo se creían totalmente desvinculadas con las radiaciones. Esto seguramente obligará a ampliar el espectro de impactos sobre la salud que deben ser estudiados.

Pero desde un enfoque más ecológico y menos antropocéntrico, es interesante que investigaciones recientes en la vasta zona evacuada y aislada por el accidente de Chernóbil muestran una biodiversidad general mayor que antes del accidente, debido a que el principal problema para la diversidad biológica era la gente. Los científicos que hoy ingresan cada vez en mayor número a las zonas evacuadas coinciden en que el área parece una reserva de flora y fauna.

El puente ferroviario que lleva a la población de Pripiat, la colonia industrial de la que se evacuó a 50.000 personas (algunas de ellas no lo bastante rápido para evitar que el yodo radiactivo les arruinara la tiroides) sigue estando demasiado caliente para poder cruzarlo. A unos seis kilómetros al sur, no obstante, se puede superar el río en una de las mejores áreas de observación de aves que hay actualmente en Europa, donde se puede contemplar el aguilucho pálido, el fumarel común, el aguzanieves, el águila real, el águila calva y la rara cigüeña negra volando por entre las torres de refrigeración inactivas.

Si bien es cierto que se han detectado malformaciones y formas de cáncer en ejemplares de estas aves muy por encima de los números normales, desde el punto de vista evolutivo esto es poco importante, estos ejemplares serán poco exitosos y serán presa fácil o malos competidores. En todo caso sus descendientes estarán seguros viviendo en la zona de exclusión de Chernóbil.

La actividad típica humana resulta más devastadora para la biodiversidad y para la abundancia de flora y fauna locales que el peor de los desastres de una planta nuclear.[88]

Tal vez el broche de oro es que las radioactivas praderas de Chernóbil están siendo repobladas con los enormes bisontes europeos, de 3 metros de largo por 2 de altura y cerca de 1.000 kg de peso, en grave peligro de extinción (no quedan más de 3.000 ejemplares). Aquí pacen seguros, lejos de su peor enemigo: el hombre.

2. Los residuos radioactivos

Hasta hace poco tiempo la política respecto a los residuos sólidos peligrosos de las centrales nucleares se podía resumir en «esperar y ver», ya que ninguna de las opciones era ambiental y económicamente viable. Pero en la actualidad las perspectivas son auspiciosas. En Europa se adelantan estudios (que no arrojarán resultados en el corto plazo) de transmutación química, para pasar residuos de alta actividad a elementos químicos de actividad menor y vida media más corta.

Cada año se generan en el mundo más de 12.000 toneladas de residuos de alta radioactividad, la mayoría se almacenan en forma segura, en piscinas especiales en la propia central. Pero esta forma de almacenamiento tiene un límite cercano y los residuos estarán activos por miles de años.

Varias centrales ya han alcanzado este límite y comenzaron a almacenar «en seco», lo que no aparenta ser tan seguro y está generando temor en los ciudadanos. Es el caso de la gran central nuclear de Palo Verde, en Phoenix, EE.UU., operativa desde 1986 (el mismo año del accidente de Chernóbil), que ya ha comenzado a almacenar sus residuos en instalaciones distintas de las previstas en el proyecto original.

Si bien hay avances científicos significativos respecto a la disposición final de los residuos radioactivos, lo primero que debemos

---

88 Weisman, A. (2008). *El mundo sin nosotros*. 1ª edición, Debate.

tomar en cuenta es que gracias a su pequeño volumen y a que se generan en sus propias instalaciones, los residuos sólidos de las centrales nucleares son relativamente fáciles de aislar y almacenar. Cosa que no pasa con los residuos de las centrales térmicas de generación de energía eléctrica (alimentadas con combustibles fósiles), que se dispersan por la atmósfera de todo el planeta regando gases de efecto invernadero, metales pesados, lluvia ácida, etc.

Varias investigaciones sugieren el almacenamiento geológico profundo (cerca de 1.000 metros de profundidad) como solución de largo plazo para los residuos radiactivos, aunque aún esto no se ha implementado.

Si tuviéramos que decidir cómo generar energía eléctrica seguramente preferiríamos poco volumen de residuos confinados en forma segura en celdas de hormigón bajo agua y no grandes volúmenes de emisiones atmosféricas peligrosas para el ambiente y las personas, dispersos por todo el planeta y concentrándose en torno a las personas.

Si todos coincidimos en que el calentamiento global es el problema ambiental más severo que enfrenta el planeta, y que más del 50% de las emisiones antrópicas se deben a la quema de combustibles fósiles para generación de electricidad, entonces coincidiremos en que la tarea más urgente es cambiar la forma de generar energía eléctrica por una que no contribuya al calentamiento global. En el contexto actual eso significa energía nuclear, ya que las energías renovables en la realidad se encuentran muy lejos de satisfacer la demanda actual de energía.

James Lovelock, científico de indiscutible autoridad académica y destacada labor de divulgación ambiental, que ha conjugado hallazgos científicos en problemas ambientales muy específicos (como la dinámica de los CFC en la atmósfera) con una visión holística de las ciencias ambientales (sintetizada en su teoría Gaia, que entiende al planeta como un único organismo) explica claramente las ventajas ambientales de la energía nuclear.

Una ventaja incomparable de la energía nuclear sobre los combustibles fósiles es lo fácil que resulta controlar los residuos que genera. Quemar combustibles fósiles produce 27.000 millones de toneladas de dióxido de carbono cada año, tantas, como he dicho más arriba, que si pudiéramos solidificarlas formarían una montaña de un kilómetro y medio de alto y veinte de circunferencia en su base. La misma cantidad de energía producida por reactores de fisión nuclear generaría dos millones de veces menos residuos, que se podrían almacenar en un cubo de dieciséis metros de lado. Los residuos en forma de dióxido de carbono son invisibles, pero tan letales que si no ponemos límite a sus emisiones acabarán por matarnos a casi todos. Los residuos nucleares enterrados en pozos en los puntos de producción de energía no suponen ninguna amenaza para Gaia y solo son peligrosos para aquellos lo bastante insensatos como para exponerse a su radiación.[89]

La otra posibilidad es reducir o racionalizar el consumo de energía eléctrica en los grandes centros de consumo del planeta, pero ni los chinos, ni los estadounidenses, ni los alemanes parecen dispuestos a sacrificar sus objetivos de crecimiento o el confort de sus ciudadanos pensando en las futuras generaciones.

Las energías renovables tienen una gran utilidad, mueven barcos a vela, hacen crecer los cultivos, calientan el agua, pero es un error pensar que podrán satisfacer las principales necesidades del mundo moderno.

La energía nuclear seguirá desarrollándose aunque tal vez los temores de la población son cada vez mayores. Refiriéndose a este tema Roland Masse, presidente de la Oficina de Protección contra las Radiaciones Ionizantes de Francia, afirma:

---

89 Lovelock, J. (2007). *La venganza de la Tierra. La teoría de Gaia y el futuro de la humanidad.* Editorial Planeta.

Se evidencia así una doble constatación: por una parte las nuevas tecnologías invaden el universo familiar antes de que los conocimientos que les han dado origen sean asimilados por el público, y por otra, la desconfianza hacia los expertos ya no permite delegar en ellos la evaluación de los riesgos generados por estas tecnologías. Es posible hallar soluciones políticas transitorias, pero no puede haber una salida para este problema social sin un gran esfuerzo pedagógico que explique la ciencia al gran público, y sin una toma de conciencia por parte de los expertos de la dimensión ética de toda innovación tecnológica.[90]

A partir de la irrupción de China e India en el mercado energético mundial, la demanda de energía crece en forma sostenida, pero es seguro que la producción petrolera en algún momento declinará y el carbón implica enormes emisiones de gases de efecto invernadero. Por lo tanto, la generación y acceso a nuevas formas de energía se ha transformado en uno de los temas más importantes (y globalizados) del mundo. En este contexto, es un hecho que la energía nuclear continuará desarrollándose y se seguirán instalando centrales en distintos puntos del planeta (China e India prevén la construcción de cientos de centrales nucleares en plazos relativamente breves).

Ante este crecimiento inminente, la estrategia más inteligente parece ser la inversión de todos los esfuerzos posibles en investigación científica, educación, controles de todo tipo. En todo caso, la oposición intransigente a esta forma de generación de energía no es la mejor estrategia.

No podemos librarnos de nuestra adicción a los combustibles fósiles y, al mismo tiempo, eludir el uso de la energía nuclear; no podemos desprendernos de todas esas malignas fuentes de energía y pretender sustentar a una población humana de 9.000 millones de personas (proyección a 50 años), sobre todo porque

---

90 Masse, R. (2006). *¿Qué debemos temer de un accidente nuclear?* Edit. Akal, España.

esos 9.000 millones –como es muy razonable en la mayoría de los casos– querrán disfrutar del tipo de vida que ahora disfrutan. Desearán disfrutar de una vida en la que no mueran a los 40 o a los 50 años de edad, y en la que puedan seguir viviendo hasta los 70 o los 80. Querrán agua limpia y también querrán esos bienes de consumo que nosotros, quizá, tengamos ya en exceso, pero que son deseados de todos modos por la mayoría de los seres humanos.[91]

BIOCOMBUSTIBLES Y CRISIS ALIMENTARIA

Como dijimos antes, las crisis petroleras son cíclicas, de hecho son parte de los ciclos de la economía, y en cada una de ellas se renuevan los esfuerzos por acceder a nuevas fuentes de energía, por construir una matriz energética diversa, basada en recursos autóctonos, que permita independizarnos del petróleo. En la crisis petrolera de la década de 1970 se fortaleció mucho la energía nuclear y en la crisis petrolera de la década de 2000 adquirieron auge los biocombustibles. Una vez que la crisis pasa y los precios del petróleo vuelven a ser accesibles, quedan los conocimientos obtenidos, se dimensiona adecuadamente la aplicabilidad de las nuevas tecnologías desarrolladas, dejan de ser las soluciones mágicas que todos anhelan y comienza un trabajo lento para ir desarrollando esas nuevas y renovables fuentes de energía (el sol, el viento, las mareas, la geotermia, entre otras).

Es indiscutible que los países que no poseen reservas de petróleo significativas deben intentar desarrollar fuentes alternativas de energía, sobre todo cuando se trata de países del tercer mundo. En este contexto se inscribe el auge actual de los biocombustibles.

Entre las distintas formas de energía renovable, los biocombustibles líquidos para el transporte han experimentado el crecimiento más fuerte en los últimos años. Estos se destacan

---

91 Gray, J. (2008). *Tecnología, progreso y el impacto humano sobre la Tierra.* Editorial Katz. Barcelona.

porque actualmente representan para el sector del transporte la única alternativa renovable posible a los combustibles fósiles. Además la industria de la automoción les da la bienvenida, ya que no requieren casi ninguna adaptación en la infraestructura de distribución. Existen dos tipos de biocombustibles para el transporte: biodiesel y etanol.[92]

Este ha sido el caso de Brasil, con una política de Estado de varias décadas para promover la sustitución de combustibles fósiles por biocombustibles de origen vegetal. Aunque Brasil centró su modelo en la producción de bioetanol, también ha incorporado otros tipos de biocombustibles (biomasa y biodiesel, principalmente).

Con varios millones de hectáreas sembradas, más de 4 millones de autos circulan a etanol de origen vegetal en la potencia suramericana. Pero Brasil y otros que siguen su ejemplo no la tienen fácil: un nuevo consenso global que pronostica el Apocalipsis (en este caso alimentario) se está construyendo rápidamente; desde el FMI y el Banco Mundial hasta la FAO (Organización de las Naciones Unidas para la Agricultura y la Alimentación, por sus siglas en inglés) y Greenpeace, condenan el desarrollo de biocombustibles de origen vegetal.

El presidente del Banco Mundial considera que los biocombustibles son responsables en un 75% del encarecimiento de los alimentos.[93] La FAO, a su vez, pronostica un desastre alimentario inminente para cientos de millones de personas si se continúa con las políticas de biocombustibles que llevan adelante varios países, principalmente del tercer mundo.[94]

---

92 Fresco, L. (2008). *Biomasa, alimentos y sostenibilidad ¿Existe un dilema?* Editorial Taurus, España.

93 Zoellick, R. (2008). «Declaraciones del presidente del Banco Mundial durante la cumbre del G-8 en Hokkaido», Japón.

94 FAO - Organización de las Naciones Unidas para la Agricultura y la Alimentación (2006). *El estado de la inseguridad alimentaria en el mundo.* Roma

Líderes de los países más ricos del mundo durante la Cumbre del G-8 (Japón, 2008) plantan arbolitos en un bellísimo gesto para salvar al planeta de la hambruna y la contaminación. © **EUROPEAN COMMUNITIES, 2009.**

Greenpeace no se queda atrás: «Circularemos entonces con mayor limpieza… a expensas de la deforestación masiva de la Amazonia y de los bosques tropicales asiáticos». «Brasil se declara dispuesto a destinar 14 millones de hectáreas adicionales para cultivos energéticos. Naturalmente esas superficies serían arrebatadas a la selva, con todas las previsibles consecuencias sobre la biodiversidad, la erosión del suelo y el régimen de lluvias.»[95]

Nuevamente se terminan alineando las organizaciones globales, con discursos totalmente distintos pero con un mismo resultado, funcional a los intereses del mundo desarrollado, que tiene malas condiciones naturales para la producción de agrocombustibles y los ve crecer en países del tercer mundo.

Mientras que en el primer mundo los mayores problemas alimentarios están asociados a la obesidad, que amenaza la vida de millones de personas que comen en exceso y se mueven poco, en los países más pobres del tercer mundo los problemas alimentarios se centran en la desnutrición infantil, que sigue cobrando la vida de millones de niños. Parece claro que hay un problema de equidad en la distribución de los alimentos, y en esto nada tienen que ver los biocombustibles. De hecho, en el mundo se producen alimentos como para satisfacer a 10.000 millones de personas, y aunque somos cerca de 6.000 millones, decenas de miles mueren de hambre cada día. Definitivamente, el hambre no es un problema de biocombustibles, sino de inequidad en la distribución.

Es cierto que los precios de los alimentos que desde los años setenta del siglo pasado permanecían estables han comenzado a subir desde los primeros años de este siglo. Las consecuencias son terribles: la desnutrición ha aumentado en este último lustro en varias decenas de millones de personas, superando los 1.000 millones de personas con carencias alimentarias en el planeta.

Como en todos los bienes, el precio de los alimentos está determinado por la relación entre la demanda (que los eleva) y la oferta

---

95 Bovet, Ph. *et al.* (2008). *Atlas medioambiental de Le Monde diplomatique.* Colaboración de Greenpeace. Ediciones Cybermonde, España.

(que los disminuye). Los datos reales indican que malas cosechas en el mundo (muy por debajo de lo previsto) redujeron la oferta, y la irrupción de miles de millones de nuevos consumidores (principalmente en China e India) aumentaron la demanda. Esta es la razón principal de la variación de precios y poco tienen que ver en esto los biocombustibles, que en muchos casos redujeron su presión real sobre la tierra cultivable. A esto hay que sumar los costos de los combustibles fósiles que subieron en este período y son un componente determinante en la estructura de costos de la producción agrícola. En palabras de Ismael Sanz Labrador, «el suceso que ha roto la estabilidad de los precios agrícolas desde 2003 no han sido los biocarburantes sino el uso de los alimentos como activos financieros en los mercados de futuros».[96]

Quienes auguran los más espantosos desastres por la contaminación y el calentamiento atmosférico provocados por la quema de petróleo, se oponen también a los biocombustibles de origen vegetal, que es una de las medidas más concretas de sustitución de combustibles fósiles para las fuentes móviles. Realmente parece obsceno que se construya este consenso de condena por el encarecimiento de los alimentos a los países que trabajan por su soberanía energética y han comenzado a obtener resultados, y que poca responsabilidad tienen sobre el aumento del precio de los alimentos.

Tal vez para analizar las razones verdaderas de este aumento habría que establecer cuánto incide el precio del petróleo (que además incentiva el desarrollo de biocombustibles) y los cientos de millones de personas que han irrumpido en el mercado de los alimentos desde China e India (y ojalá pronto desde África).

Es cierto que el precio de los *commodities* alimentarios se ha más que duplicado en la última década, pero para el presidente de Brasil Lula da Silva, «el incremento de los precios de los alimentos no tiene una única explicación, es la conjunción de los crecientes

---

96 Sanz Labrador, I. (2009). *Biocombustibles. Instrumento decisivo para el desarrollo sostenible.* Editorial Taurus. España.

precios del petróleo y los fertilizantes, el cambio climático, la especulación, el mayor consumo de China, India y Brasil, y las absurdas políticas proteccionistas de los países ricos» (que los subsidian en cerca de 300.000 millones de dólares). «Muchos de los dedos que apuntan contra la energía limpia de los biocarburantes están sucios de aceite y carbón», y los biocombustibles «pueden ser un instrumento importante para generar ingresos y retirar a países de la inseguridad alimentaria y energética». Según Lula, la crisis mundial de alimentos es «una crisis de distribución».[97]

> El incremento extremadamente rápido en la demanda de grano para alimentación, forraje y cerveza en China, India, Brasil y otros países, es de naturaleza estructural. Actualmente las reservas están disminuyendo porque la producción no puede seguir el ritmo de la demanda y esto origina un aumento de los precios…
>
> El mayor potencial de hoy puede encontrarse en la mezcla de subproductos con plantas convencionales (residuos, paja), lo que no interfiere en los precios de los alimentos…
>
> A pesar de que la población mundial se ha triplicado desde la Segunda Guerra Mundial, el crecimiento más rápido en la historia de la humanidad, la cantidad de calorías disponibles per cápita ha aumentado casi en un 25%…
>
> No existe ni una razón técnica por la que no podamos alimentar a un mundo futuro de nueve mil millones de personas. Supongo que debo insistir de nuevo: el hambre es una cuestión de poder adquisitivo, no de escasez.[98]

En gran medida los acusadores son los verdaderos responsables de la crisis alimentaria: ¿o no fueron en gran medida las políticas impulsadas por el FMI, para el pago de los servicios de la deuda de

---

97 Da Silva, L. (2008). Declaraciones del Presidente de Brasil en la Cumbre Alimentaria de Naciones Unidas. Roma.

98 Fresco, L. (2008). *Biomasa, Alimentos y Sostenibilidad ¿Existe un dilema?* Editorial Taurus, España.

los países pobres, las que ahogaron a los pequeños productores y campesinos que aseguraban la soberanía alimentaria de la población más carenciada? ¿O las agresivas políticas de las transnacionales del agro, de las semillas y de los fertilizantes, que en una meticulosa coordinación con el Banco Mundial terminaron generalizando los monocultivos transgénicos y la extranjerización de la tierra, marginando del acceso a los alimentos a grandes sectores de la población? ¿O no es cierto que más de la mitad del precio de los alimentos se debe directa o indirectamente al precio del petróleo, fijado con un componente especulativo que linda en lo criminal?

Por otra parte, no podemos olvidar que la mayor parte del presupuesto de la FAO alimenta una enorme burocracia internacional y casi nada se traduce en agricultura sostenible o alimentos para los pobres del mundo. Mientras, la concentración de las tierras fértiles en los países del tercer mundo, en manos (directa o indirectamente) de pocas multinacionales, está transformando la producción agrícola en un negocio financiero (y como tal de corto plazo) en lugar de la agricultura sostenible que la FAO pregona.

Seguramente aquí encontraremos más causas de la crisis alimentaria que en los biocombustibles. En definitiva, los organismos internacionales que a nivel planetario promovieron (o al menos no se opusieron a) una forma de consumo y de producción que profundizó la brecha entre países ricos y países pobres, no parecen tener mucha autoridad para cuestionar a quienes se esfuercen por alejarse de la condena del subdesarrollo buscando la independencia energética. He aquí otro ejemplo de un discurso global dominante, por el que se construye un problema ambiental independientemente de las constataciones objetivas y que termina sancionando la diversidad y la irreverencia de países emergentes.

Pero como en todos los temas ambientales existen varias campanas, y muchos de los autores que se muestran contrarios al uso de biocombustibles lo hacen por motivos éticos, considerando inadmisible el sembrar la tierra para mover vehículos, alegando por ejemplo que «si esos productos naturales se usaran solo para el transporte, para hacer funcionar nuestros coches, camiones, trenes, barcos y aviones, sería necesario quemar cada año entre dos y tres giga toneladas de carbono como biodiesel (una giga tonelada son mil millones de toneladas). Compare esa cantidad con nuestro consumo anual de comida, que es de media giga tonelada».[99] Es decir que mover todos los vehículos actuales requiere cuatro veces más biodiesel que los alimentos consumidos en un año por toda la humanidad.

Es claro que si los biocombustibles se producen con las mismas lógicas y modelos actuales, su impacto será tan malo como el de los combustibles fósiles:

Toda esta promoción de los biocombustibles se realiza a nombre del desarrollo sustentable, la reducción de la pobreza, para frenar el calentamiento global, etc. A pesar de ello otras voces se han pronunciado en relación a este tema, y se han sistematizado algunas evidencias que demuestran que los biocombustibles podrán agudizar los problemas generados por los combustibles fósiles, si es que son producidos siguiendo las mismas lógicas y si responden a los mismos intereses empresariales de los combustibles fósiles.[100]

Pero en realidad el temor a los biocombustibles no se debe a la competencia con los alimentos, sino a dos razones más claras e indiscutibles. Primero, que el mercado petrolero es dominado por un conjunto pequeño de empresas y países, mientras que los biocombustibles pueden involucrar potencialmente a decenas de millones de productores en todo el planeta (aunque en la actualidad existe

---

99 Lovelock, J. (2007). *La venganza de la Tierra. La teoría de Gaia y el futuro de la humanidad.* Editorial Planeta.

100 Bravo, E. (2007). *Encendiendo el debate sobre biocombustibles.* Ediciones Le Monde Diplomatique. Argentina.

un peligroso proceso de concentración y transnacionalización de la producción de materias primas para los biocombustibles). Segundo, que muchos países pobres presentan excelentes condiciones naturales para los cultivos con fines energéticos, que los transformarían en potencias mundiales, sumadas a las petroleras.

Esta discusión terminará cuando la producción de biocombustibles no se sustente principalmente en agrocombustibles que puedan competir por la tierra con los alimentos, sino en biocombustibles de segunda generación, basados en el uso de desechos agrícolas y forestales, micro algas, desechos de producción animal, residuos urbanos y de muchos sectores industriales. Lo que sin duda ocurrirá pronto (ya hay muchas experiencias en ese sentido) y consolidará una fuente de energía limpia, apropiable por países pobres y que permitirá enfrentar además el problema ambiental de los residuos sólidos que aumenta día a día. Actualmente una reserva energética de fácil acceso como son los residuos sólidos se están desaprovechando en el mundo entero y está causando severos problemas para la salud y el ambiente.

En definitiva, los riesgos son reales pero no los causan los biocombustibles ni los países emergentes que siembran para obtener energía, los generan quienes obligan a estos países a destinar la tierra a estos fines para poder acceder a combustibles a precios razonables. El mundo tiene 1.500 millones de hectáreas de tierras cultivables. Con los niveles de consumo actuales en Europa y EE.UU., todas sus tierras agrícolas no serían suficientes para la producción de los biocombustibles que necesitan. Entonces seguramente se recurrirá a países del tercer mundo para el desarrollo de grandes monocultivos alcoholeros y oleaginosos, sustituyendo la producción de alimentos. Simultáneamente los países desarrollados destinarían sus suelos a la producción de alimentos y a asegurar su soberanía alimentaria.

Cuando se dice que los monocultivos (de caña, girasol, soja, jatrofa, palma aceitera, tártago, entre otros) para producir biocombustibles competirán con la producción de alimentos, se está hablando de un riesgo a mediano plazo, que se deberá controlar con la diversificación de la matriz energética, la eficiencia en el consumo y la investigación para obtener nuevas fuentes de energía.

Pero no debemos desconocer que los monocultivos, el despoblamiento del campo y la pérdida de soberanía alimentaria son problemas muy graves en la actualidad y que no se deben a los biocombustibles sino a un modelo de producción aberrante.

El fenómeno de la *sojización* (sustitución de cultivos tradicionales por los monocultivos masivos de soja transgénica) en gran parte de Suramérica es un terrible ejemplo. Muchos millones de hectáreas de bosques han sido talados en el subcontinente en la última década para el cultivo de soja. Pero no se trata solo de soja para biocombustibles; gran parte se exporta a países asiáticos para alimentación. Miles de pequeños productores agrícolas abandonaron sus cultivos tradicionales tentados por los altísimos precios internacionales de la soja. Grandes empresas multinacionales de agroquímicos y semillas transgénicas les ofrecieron un negocio que no podían rechazar: les entregaban la semilla transgénica de la soja (resistente al herbicida glifosato), les entregaban el glifosato muy barato para que lo usaran sin restricciones (matando no solo yerbas sino todo vegetal que no fuera soja y empobreciendo biológicamente sus suelos). Luego les compraban toda la producción de soja a precios irresistibles. Esos pequeños productores nunca habían ganado tanto dinero en tan poco tiempo.

Y vino la fiebre de la soja. Como una marea verde este monocultivo transgénico avanzó sobre los campos. Los productores de leche se deshicieron de sus vacas y sus instalaciones, desmontaron su compleja logística que aseguraba la calidad de un producto tan delicado. Los chacareros abandonaron sus diversos cultivos y perdieron su inserción en las redes de microeconomía local. Productores orgánicos también abandonaron sus huertas, que luego de haber sido tratadas con glifosato ya no podrán regresar a la producción orgánica por muchos años.

Pero la economía tiene ciclos, los precios de la soja empezaron a caer, los mercados asiáticos se contrajeron y miles de pequeños y medianos productores se quedaron solo con tierras empobrecidas, biológicamente erosionadas. La marea verde que cubría los campos comienza a ser una marea gris, muchos alimentos que se producían a nivel local hoy escasean, se encarecieron, deben ser importados.

Lo importante no es que parte de esta soja se destinó a biocombustibles y que parte se empleó en la elaboración de alimentos; el problema es la especulación financiera con los alimentos, la pérdida de soberanía, la debilidad de los gobiernos para defender su aparato productivo. No los biocombustibles. Los mismos argumentos que hacen que la FAO o el Banco Mundial se opongan enérgicamente a los biocombustibles (monocultivo agotador del suelo, encarecimiento de alimentos, pérdida de soberanía alimentaria, entre otros) son aplicables a la *sojización* o a otros procesos similares, pese a lo cual no ha sido un tema de debate, ya que eso implicaría la revisión de un modelo de producción y consumo insostenibles.

El modelo de producción agroalimentario dominante en el mundo es insostenible, sea para alimentos o sea para biocombustibles. Un modelo que no se planifica en función de las necesidades de las personas ni de los Estados, que emplea grandes cantidades de insumos (fertilizantes, plaguicidas, combustibles, entre otros) y genera muchas emisiones (residuos sólidos, GEI, erosión, entre otros). El desafío para la sostenibilidad del modelo agroalimentario radica en la planificación productiva en función de intereses nacionales, la racionalización de los consumos y la reutilización de los residuos.

Un buen ejemplo es un ingenio azucarero del norte de Uruguay, que se declaró en quiebra y recientemente fue adquirido por el Estado uruguayo, transformándolo en un complejo sucro-alcoholero. El proyecto empresarial se planificó en función de las necesidades del país (alimentarias, energéticas, ambientales) y produce:

- ▸ azúcar para el mercado interno,
- ▸ bioetanol para mezclar en un 5% con las naftas y reducir la oleodependencia (Uruguay importa todo el petróleo que utiliza),
- ▸ energía eléctrica para uso propio y para volcar a la red (generada en base a residuos),
- ▸ alimento animal para el ganado (en Uruguay existen muchas más vacas que personas), entre otros coproductos.

Este proyecto es además un modelo desde el punto de vista ambiental, pues fue concebido como una industria «cero vertido». Las destilerías de bioetanol suelen ser un problema medioambiental por la cantidad y calidad de sus efluentes. La producción de etanol en base a caña de azúcar genera más de 10 litros de un efluente ambientalmente muy agresivo por cada litro de etanol destilado. En este proyecto, los efluentes de la destilería (más las aguas cloacales de 500 trabajadores) superan los 300.000 metros cúbicos por zafra, que luego de depurados se usan para ferti-riego de las plantaciones de caña.

De esta forma, además de no verter ni un litro de efluentes agroindustriales al medio natural, se reduce el consumo de agua para riego y la aplicación de fertilizantes químicos. Solo la disminución de fertilizantes de síntesis (los nutrientes son aportados por el efluente reusado) constituye un ahorro de más de medio millón de dólares por zafra. Vale aclarar que los fertilizantes nitrogenados al oxidarse en el suelo provocan los óxidos nitrosos, que en la atmósfera tienen un potencial de calentamiento global 300 veces mayor que el CO_2.[101]

Lo propio ocurre con los residuos sólidos del ingenio azucarero, donde miles de toneladas son compostadas y reincorporadas al suelo en el cultivo de caña, ahorrando y produciendo una caña más natural. Otros residuos son quemados en una caldera que genera la energía eléctrica que requiere la fábrica y otros son empleados para

---

[101] Intergovernmental Panel on Climate Change - IPCC (1997). *Op. cit.*

producción de alimento para ganado, lo que permite reducir las áreas destinadas a la producción de forraje. Cada componente del proyecto interactúa con los demás potenciándose todos, generación de empleo y desarrollo local, diversificación productiva e independencia energética, buen desempeño ambiental y eficiencia económica.

Adicionalmente, el emprendimiento que mantiene estrechos vínculos con su entorno socioambiental impulsa proyectos de huertas orgánicas, piscicultura, entre otras iniciativas de desarrollo local. Y según su director, el próximo paso será mecanizar la cosecha para no tener que quemar las plantaciones, lo que actualmente se hace para deshojar, para limpiar y para ahuyentar serpientes, previo a que los trabajadores entren con sus machetes a la plantación. Esta quema periódica de grandes dimensiones es un problema ambiental muy importante, pero para el director del ingenio sucro-alcoholero es, además, una pérdida de materia orgánica que en parte regresará al suelo, en parte será insumo para elaborar alimento animal y en parte producirá más energía eléctrica en la caldera de última generación que ya está funcionando.[102]

Proyectos como el desarrollado en este pequeño país suramericano, nos llevan a sospechar que el desarrollo sí puede ser sustentable, y su fortaleza radica en haberlo diseñado en base a las particularidades locales (productivas, socioeconómicas, ambientales). Una vez más, la globalización no es una buena estrategia para enfrentar los problemas locales. De atenderse obedientemente las directivas de organismos de crédito, organismos de la ONU, organizaciones ambientalistas, hubiera sido imposible desarrollar esta iniciativa, y en los hechos, con un discurso muy hermoso, se profundizaría la dependencia y el subdesarrollo.

---

[102] Contreras, M. «La Bella Unión de la caña y la gente». Y Neves, S. «¿ALUR como paradigma del modelo productivo progresista?». *Semanario Brecha.* 13 de marzo de 2009. http://www.brecha.com.uy/alter/index.php?option=com_content&task=view&id=671&Itemid=99

En lugar de los procesos de integración energética de la segunda mitad del siglo XX, el siglo actual se inició con la interrupción o disminución del suministro transfronterizo de combustibles fósiles (gas natural de Rusia a Ucrania, de Bolivia a países vecinos, Nigeria, Argelia, etc.), lo que ha hecho que la construcción de la matriz energética priorice un enfoque local, de soberanía e independencia energética, más que de integración regional.

Las predicciones más serias aseguran que al ritmo de consumo actual los combustibles fósiles comenzarán a escasear dentro de 40 años.[103] Todo indica que el próximo medio siglo estará signado por una sustitución de fuentes de energía de los combustibles fósiles hacia los renovables. Y mientras que la tendencia natural de los combustibles fósiles es al alza del precio (debido a su no renovabilidad), la tendencia natural en los biocombustibles es a aumentar la eficiencia de producción, a la reducción de las emisiones y al abaratamiento.

Seamos o no los responsables del calentamiento global, el modelo energético actual es insostenible por motivos ambientales, por el incremento de precios, por el agotamiento de los recursos, por la concentración de las fuentes y la especulación. La diversificación de la matriz energética con un enfoque local y racional serán rasgos distintivos del siglo XXI.

En el tercer mundo, el desarrollo de los biocombustibles está comenzando a revitalizar la agricultura en tierras depreciadas o abandonadas, permitiendo que el campo (donde vive el 75% de la población) comience a recibir los beneficios del resurgimiento económico.

Es imposible realizar un análisis comparativo entre los biocombustibles y los combustibles fósiles sin una visión en perspectiva, sin una proyección de futuro, sin considerar que mientras unos se agotan irremediablemente los otros se desarrollan hacia formas más eficientes.

---

[103] Agencia Internacional de Energía (2008). *World Energy Outloock*. AIE, París.

En este contexto, los biocombustibles son una solución, no una amenaza. Con las tierras de cultivo disponibles en la ex Unión Soviética, en América Latina y algunas zonas de África, será suficiente para desarrollar esta industria a nivel mundial.[104]

Cualquiera de los biocombustibles desarrollados produce menos emisiones de efecto invernadero que el petróleo o el carbón. Cuando sus detractores argumentan que en los balances no se consideran fuentes secundarias de emisión (transporte de insumos y del biocombustible, deforestación y cultivo de la tierra, producción y aplicación de agroquímicos, etc.), por lo general basan sus conclusiones en análisis muy particulares como las plantaciones de palma en zonas tropicales de Asia o los cultivos de soja en la selva amazónica, y los extrapolan a cualquier latitud y a cualquier ecosistema como si se tratara de una ley general. Si esta generalización fuera válida, deberíamos prohibir la explotación petrolera en todo el mundo, porque cuando las perforaciones se realizan en una selva tropical se deforesta afectando ecosistemas muy frágiles y perdiendo diversidad biológica. Sin embargo, lo razonable no es esta prohibición genérica sino establecer áreas de exclusión en ecosistemas especialmente sensibles y reglamentar los procedimientos de gestión ambiental de esta industria en las zonas donde sí se puede realizar.

Además se suele omitir en estos balances la gran cantidad de coproductos de los biocombustibles (generación de energía eléctrica, biofertilizantes, alimento animal, etc.) que tienen un impacto ambiental positivo a nivel local.

Los biocombustibles de segunda generación, principalmente asociados a residuos celulósicos (los más disponibles en el planeta), serán más limpios que los de primera generación y mucho más baratos, por lo que están abriendo un nuevo y auspicioso horizonte para la construcción de una nueva matriz energética, más limpia y democrática.

---

104 OCDE (2008). *Biofuel suppotr policies: an economic assessment.* París.

En conclusión, ninguna forma de energía es mala *per se*, pero todas pueden implicar riesgos y perjuicios para la economía, la salud y el ambiente. Sin desechar ninguna, sin dogmatismos, es imprescindible desarrollar mucha investigación, gestión y educación en tres áreas prioritarias:

- Desarrollar tecnologías para la captura en origen del CO_2 generado por la quema de petróleo y carbón, y su enterramiento (u otras formas de estabilización) en el entorno de las fuentes fijas donde se generan (centrales térmicas).
- Mejorar la seguridad humana y ambiental en la generación de energía eléctrica a partir de la fisión nuclear. Incorporar el tema en el sistema educativo.
- Profundizar la investigación en energías renovables, no solo los biocombustibles de segunda generación; cada país deberá priorizar las fuentes energéticas para las que cuenta con mayor disponibilidad.

Por último, lo que está claro en el discurso global de la problemática energética es que con buen respaldo de organismos de la ONU y la legitimación de ONG ambientalistas se pretende construir una oposición a algunas fuentes de energía, como la fisión nuclear y los biocombustibles, sobre bases ambientales falsas, pronosticando hambrunas y cataclismos; lo que conspira contra la construcción de una nueva matriz energética más limpia y democrática, y contribuye a consolidar una matriz energética mundial insostenible y sucia.

EJEMPLO 3
El agujero en la capa de ozono

Desde sus inicios, la lucha contra los gases CFC (clorofluorocarbonos, causantes del agujero en la capa de ozono) estuvo bajo sospecha de ser dirigida por intereses de corporaciones de la industria química. Por ejemplo, Dupont-Corporation es una de las corporaciones químicas más grandes del mundo (ahora se dedica a muchas otras cosas además de la química), con un PIB mayor que el de varios países, y se ha vuelto famosa entre otras razones por los escándalos ambientales en EE.UU. asociados a algunos de sus productos emblemáticos (como el nylon, el teflón o los CFC).

Esta compañía inventó los CFC y era responsable de más de la cuarta parte de la producción mundial, pero cuando se demostró (a mediados de la década de 1970) que los CFC eran los principales causantes del adelgazamiento de la capa de ozono, la compañía aceptó dejar de producirlos... Diez años después hizo el mismo compromiso.

Cuando las patentes de la Dupont y otras corporaciones químicas para producir CFC en forma exclusiva estaban cercanas a expirar, lo que liberaría la producción, en la década de 1980, mientras países como China e India se preparaban para fabricar estos gases y empezar a competir, Dupont descubre que efectivamente los CFC son muy dañinos para el ambiente y se vuelve uno de los impulsores de la prohibición de los CFC. Vaya casualidad: las dos potencias emergentes quedaron fuera del ruedo y Dupont ya cuenta con las patentes para producir gases sustitutos.

Si bien el agujero de la capa de ozono ha ido abandonando los titulares de los periódicos y lo sustituye el calentamiento global, no hay suficientes evidencias de que el problema esté solucionado.

Nosotros vivimos en la troposfera, que comprende los primeros 10 a 15 kilómetros de cubierta gaseosa de la atmósfera, donde se dan la mayoría de los procesos biológicos y los fenómenos meteorológicos. Luego de esta capa viene la estratosfera, aproximadamente entre los 15 y los 50 kilómetros, en la que se ha verificado uno de los problemas ambientales globales más importantes desde la segunda mitad del siglo XX: el adelgazamiento de la capa de ozono, que en ocasiones llega a ser un agujero de varios millones de kilómetros cuadrados.

La fina capa gaseosa que rodea al planeta y lo protege de las peligrosas radiaciones UV-B (la franja de luz ultra violeta que va de 280 a 320 nm, que es conocida como el rango biológicamente activo del espectro porque tiene los efectos más pronunciados sobre la materia viviente) se está agujereando.

El ozono es un gas constituido por tres átomos de oxígeno (O_3) que forma una delgadísima capa que rodea el planeta y cumple funciones de filtro, protegiendo a todas las formas de vida de las radiaciones UV-B procedentes del Sol. Pero además el ozono es un gas muy escaso e inestable. Al debilitarse la capa de ozono, los rayos UV-B penetran libremente en la biosfera, provocando impactos sobre diferentes formas de vida. La exposición excesiva a las radiaciones UV-B son riesgosas para la salud de las personas (quemaduras y alergias, tumores de piel, debilitamiento del sistema inmunológico), para la actividad económico-productiva (puede afectar la pesca y la producción agrícola) y para los soportes biológicos de las redes tróficas del planeta (algunas especies son más sensibles que otras). En EE.UU. la incidencia de cáncer de piel se duplicó entre 1980 y 2000.

Al parecer este problema está siendo causado por la liberación a la atmósfera de CFC (clorofluorocarbonos), los gases agotadores de la capa de ozono. Los CFC son empleados en refrigerantes, espumas aislantes, aerosoles, entre muchos otros usos. Si bien es cierto que existen fuentes de emisión de cloro a la atmósfera mucho más importantes que los CFC, como las erupciones volcánicas, la relación de causalidad CFC → destrucción de ozono ha sido establecida en varias investigaciones, descartando como causa la presencia en la atmósfera de compuestos clorados que son solubles en agua, como el cloruro de sodio evaporado de los océanos y el cloruro de hidrógeno de las erupciones volcánicas.[105]

Los CFC son moléculas bastante más pesadas que el aire, producidas y liberadas sobre todo en el Hemisferio Norte (más del 90%), que se distribuyen horizontalmente por el planeta y por efecto de los vientos se elevan en las latitudes tropicales alcanzando altitudes superiores a los 20 kilómetros, desplazándose luego horizontalmente hacia ambos polos. En el Polo Sur existe la particularidad de las nubes polares estratosféricas, que se forman por la gran cantidad de tierra rodeada por mar, lo que no ocurre igual en el Polo Norte, y son determinantes en la existencia del agujero de la capa de ozono de la estratosfera antártica.

Las imágenes satelitales espectrofotométricas son excelentes herramientas empleadas en la actualidad para estudiar la evolución de los agujeros en la capa de ozono, y se han divulgado múltiples imágenes satelitales que permiten visualizar la gravedad de este efecto, sobre todo en la región antártica. No obstante, la complejidad de los mecanismos físicos que deben ponerse en marcha para que estas moléculas tan pesadas lleguen a la estratosfera ha puesto en duda que los CFC sean la principal causa de destrucción de la capa de ozono.

CONSTATACIÓN PREOCUPANTE

Desde el inicio de su producción industrial, el uso de los CFC se generalizó rápidamente ante la creencia de su inocuidad debido a lo estables que eran sus moléculas. Sin embargo, en la primera mitad de la década de 1970 los científicos Molina y Rowland describieron el mecanismo por el que al ser excitadas por la radiación UV, sus

---

105 Catalán Castillo, B. (2007). *Revista Ozono.* http://www.revistaozono.cl/portal/index.php

moléculas desprendían el cloro que luego destruiría la molécula de ozono. De hecho en 1974 Rowland y Molina llegaron a una conclusión terminante: «De no disminuir significativamente la emisión de CFC, el ozono atmosférico descendería en aproximadamente un 10% en pocos años». Datos de diferentes grupos de investigadores coincidieron en la detección del inicio del deterioro de la capa de ozono durante esa década, presentando todos los años una marcada estacionalidad.[106]

Un aporte clave en este sentido fueron las investigaciones del químico atmosférico James Lovelock, quien dedicó varios años al estudio de la dinámica de los contaminantes en la atmósfera mediante el monitoreo de compuestos muy estables, que demoran muchos años en degradarse. Lovelock estudió el desplazamiento desde el lugar de emisión hasta el lugar de impacto de los contaminantes atmosféricos, para lo que utilizó a los CFC como marcadores. De esta forma detectó una concentración inusualmente alta en la zona antártica. Sin embargo, la reciente aparición de nuevos debilitamientos en zonas alejadas de la Antártida está poniendo en duda que la causa única sean los CFC y hay investigadores de primer nivel adjudicando los nuevos agujeros en la capa de ozono a las partículas emitidas por las fulguraciones solares, provocando un efecto similar al de las radiaciones UV.[107]

Otra vez la hipótesis de la actividad solar como causa de un problema ambiental de escala global. Otro destacado científico, Paul Crutzen, demostró en 1970 que los óxidos de nitrógeno también reaccionan de forma catalítica con el ozono, jugando un rol importante en su equilibrio natural. Si bien el N_2O es provocado por los procesos de putrefacción en la naturaleza, determinados agroquímicos y los aviones que vuelan a gran altura se han vuelto grandes proveedores de N_2O a la alta atmósfera alterando el equilibrio natural del ozono.

---

[106] Molina, M.J. y F.S. Rowland (1974). «Stratospheric sink for chlorofluoromethanes: chlorine atomc-atalysed destruction of ozone». *Nature* 249, 810-812.

[107] Lovelock, J. (2005). *Op. cit.*

Crutzen, Rowland y Molina recibieron en 1995 el premio Nobel y con eso la discusión respecto a las causas naturales o antrópicas del agujero en la capa de ozono fue acallada temporalmente.

FORMACIÓN Y DESTRUCCIÓN DEL OZONO

El ozono atmosférico se produce por la disociación de oxígeno molecular (O_2) en átomos simples (O); se trata de una fotólisis provocada por radiaciones UV procedentes del Sol. Luego, los átomos simples (O) que son muy reactivos se juntan con una molécula de oxígeno (O_2) para formar la molécula de ozono (O_3).

La formación y destrucción del ozono son procesos naturales que hasta hace algunos años se encontraban en equilibrio. Si bien son procesos de altísima complejidad, condicionados por múltiples variables, a efectos de una comprensión muy preliminar los podríamos esquematizar mediante las siguientes ecuaciones:

Formación de ozono:
O_2 + luz UV (<240) ----> O+O
$O + O_2$ ----> O_3
Destrucción de ozono:
O_3 + luz UV (<320) ----> $O+O_2$
$O + O_3$ ----> O_2+O_2

En la naturaleza el ozono es confinado a una delgada capa por la acción de algunos gases que difunden hacia arriba desde la superficie terrestre, principalmente el óxido nitroso (N_2O), producto de la actividad metabólica de algunos microorganismos. En la atmósfera el N_2O, excitado por la radiación solar se oxida a NO y contribuye a mantener el equilibrio natural entre formación y destrucción del ozono.[108]

---

[108] Catalán Castillo, B. (2007). *Op. cit.*

DESTRUCCIÓN DE OZONO POR LOS CFC

Hasta aquí un proceso natural en equilibrio: solo depende de que siga brillando el Sol para que en la alta atmósfera se esté formando y destruyendo ozono. Pero aparentemente los clorofluorocarbonos alteraron este equilibrio de forma dramática. La radiación UV excita las moléculas de CFC y les arranca un átomo de cloro que es muy reactivo y al combinarse con una molécula de ozono la destruye capturando uno de sus átomos de oxígeno, para luego combinarse con otras moléculas de ozono y destruirlas también. Este proceso es aún mucho más complejo que el anterior, pero para avanzar en la explicación lo esquematizaremos mediante las siguientes ecuaciones:

$$CFC + hv ---> Cl + residuo$$
$$Cl + O_3 ----> ClO + O_2$$
$$ClO + O ----> Cl + O_2$$

Como se ve en las ecuaciones anteriores, al reaccionar el cloro con el ozono, se forma el radical libre óxido de cloro ClO que pasa a formar parte de una reacción en cadena, mediante la cual un solo átomo de cloro puede descomponer decenas de miles de moléculas de ozono, hasta que ocurre una interferencia y el cloro se combina con algún compuesto que lo estabiliza. Una de las reacciones de interferencia más comúnmente descritas que secuestran el átomo de cloro es:

$$NO_2 + ClO ----> ClNO_3$$

Esta reacción bloquea la degradación del ozono e interrumpe el ciclo catalítico de los CFC.

Los CFC pueden permanecer inalterados acumulándose en la atmósfera baja durante décadas, insolubles en agua y resistentes a la luz visible. Sin embargo, por encima de los 25 kilómetros las moléculas de CFC se debilitan y las radiaciones UV las descomponen liberando el cloro atómico.

VOCES DISCREPANTES

Al igual que con el calentamiento global, una discusión cerrada prematuramente con un contundente premio Nobel es un muerto que goza de buena salud. Y los descubrimientos de Molina y Rowland no tardaron en ser seriamente cuestionados. Sus hallazgos requieren de la coincidencia de demasiados factores y condiciones atmosféricas, lo que sumado a la gran cantidad de reacciones de interferencia existentes en la estratosfera que interrumpen naturalmente el proceso catalítico de destrucción del ozono, llevó a muchos investigadores a dudar de las probabilidades reales de que este fenómeno ocurra. Estas probabilidades se redujeron aún más al demostrarse científicamente que la destrucción del ozono por los átomos de cloro solo puede ocurrir sobre superficies sólidas (cristales de las nubes estratosféricas).

También parece poco probable que el 90% de los CFC liberados y distribuidos por todo el planeta viajen desde el Hemisferio Norte hasta el Hemisferio Sur y pese a ser mucho más pesados que el aire, por efectos de los vientos, se eleven decenas de kilómetros para llegar a la estratosfera, justo en la única región donde los complejos mecanismos de Rowland y Molina pueden ocurrir.[109]

Pero si estas dudas son razonables, ¿cómo se explica la concentración de átomos de cloro en la estratosfera antártica? La respuesta parece simple: la Antártida es una zona de volcanes, algunos inactivos y otros como el Monte Erebus, de aproximadamente 4.000 metros de altura, en actividad constante desde su descubrimiento.

El volcán Erebus se encuentra a 10 kilómetros de distancia de la base antártica norteamericana donde se realizan las observa-

---

109 Ferreira, E. (2008). *El fraude del ozono*. FAEC – Fundación Argentina de Ecología Científica. http://www.mitosyfraudes.org/Ozono.html

ciones científicas empleadas para estudiar la evolución del agujero en la capa de ozono. Vulcanólogos de primer nivel estudiaron las emisiones de cloro del Erebus y comprobaron que son del orden de 1.000 toneladas diarias. Solo este volcán aporta mucho más cloro a la atmósfera que todas las emisiones de CFC del planeta, juntas. Y lo hace justo debajo de donde se constató la existencia del agujero de la capa de ozono.[110]

Ante esta explicación del origen volcánico en el agujero de la capa de ozono, que parece ser más sencilla y probable que las ecuaciones de Molina y Rowland, podríamos aplicar el principio conocido como la Navaja de Occam, que postula que la explicación más simple y suficiente es la más probable. Aunque la gran mayoría del cloruro de hidrógeno que se eleva a gran altura en las columnas volcánicas reacciona con el agua atmosférica y precipita en forma de ácido clorhídrico en determinadas condiciones físico-químicas de la atmósfera, un pequeño porcentaje del cloruro de hidrógeno podría llegar a la capa de ozono y liberar átomos de cloro.

Pero a los científicos les queda un cabo suelto: ¿si el cloro presente en la estratosfera antártica proviene de un volcán, a dónde van a parar los CFC liberados en la superficie terrestre?

La hipótesis más reciente, aún no demostrada, es que los CFC son digeridos totalmente por microorganismos (principalmente bacterias del suelo) y también disueltos en el mar a altas profundidades. Ambas hipótesis son muy razonables en función del elevado peso de estas moléculas.

Aunque el tamaño del agujero de la capa de ozono varía de un año a otro, las fechas en que se achica son siempre prácticamente las mismas, con pocos días de diferencia, lo que indica que la capacidad de regeneración es al menos tan rápida como la destrucción.

Quienes ponen en duda la teoría de Rowland y Molina sobre el agujero en la capa de ozono han desarrollado un cuerpo teórico muy coherente, alternativo a la explicación de estos dos investigadores.

[110] Ferreira, E. (2005). *Ecología: Mitos y fraudes.* http://www.mitosyfraudes.org

La discrepancia más generalizada respecto de la visión dominante es que los CFC pesan al menos cuatro veces más que el aire, por lo que es muy difícil que se eleven a alturas estratosféricas en cantidades significativas. La explicación de los vientos como medio de elevación es difícil de aceptar como generalización, puede explicar las pequeñas cantidades de CFC encontradas por encima de los 30 kilómetros pero es poco probable que todos los CFC liberados a la atmósfera sean capturados por esas masas de aire ascendente.

Como señalamos antes, las complejas reacciones que conforman la teoría de Rowland y Molina de la destrucción catalítica del ozono requieren de la coincidencia de tantas condiciones particulares de temperatura, fotoperíodo, cantidad de luz, entre otras variables, que hacen pensar en un ciclo estacional dependiente principalmente del clima y los volcanes, más que en los CFC.

VOLCANES COMO AEROSOLES

Como el Sol en el calentamiento global, los volcanes de la Antártida (principalmente el Erebus) en el agujero de la capa de ozono, aparecen como incómodas causas naturales que arrojan dudas razonables sobre las hipótesis oficiales de causas antrópicas para los problemas ambientales globales.

Si bien no se puede descartar que el debilitamiento de la capa de ozono se deba a gases del tipo de CFC emitidos por el hombre, no está aún claro en que grado el aumento en la incidencia de radiaciones UV afecte a los distintos ecosistemas.

El incremento anormal en la cantidad de radiación ultravioleta que incide sobre la superficie terrestre afecta en primer lugar a la salud humana y en segundo lugar a la diversidad biológica y a las actividades económicas, además de incidir en el clima; pero el hecho de que los CFC puedan permanecer inalterables por cien años acumulándose hace esperable que estos efectos se prolonguen y tal vez se incrementen.

Lovelock señala que al movernos desde algunas regiones de Europa hacia algunas regiones de África, la incidencia de radiaciones UV-B sobre la Tierra se incrementa en forma natural hasta ocho veces; aproximadamente 40 veces más que las predicciones de los modelos desarrollados en los años setenta. Naturalmente, la radiación UV incidente sobre la superficie terrestre en las regiones ecuatoriales es significativamente mayor que en la Antártida debajo del agujero de la capa de ozono.[III]

Sin embargo, las playas de estas regiones ecuatoriales del mundo son las de mayor concentración de visitantes durante todo el año, sin que se haga especial énfasis en el riesgo de contraer cáncer de piel por parte de los visitantes. De hecho, la incidencia de cáncer de piel en esas zonas no es mayor que en las regiones australes, lo que pone en duda los efectos sanitarios de un incremento de la incidencia UV sobre la superficie terrestre.

Investigaciones realizadas por biólogos de distintas partes del mundo concluyeron que los efectos del incremento pronosticado de radiaciones UV-B incidentes solo serán perceptibles por el hombre, y especialmente las personas de piel clara. Mientras que la mayoría de las especies animales y vegetales estudiadas presentan alta tolerancia o gran capacidad de adaptación a estas radiaciones. Incluso se ha refutado la idea de que no es posible la vida sin la protección de la capa de ozono.

Gran parte de la preocupación por el debilitamiento de la capa de ozono se debe a que principalmente afecta a las personas de piel clara, mientras que las afectaciones señaladas en la flora y la fauna, como ocurre con otros problemas ambientales globales, no cuentan con el necesario respaldo científico y tienen un componente importante de especulación. En este sentido cabe un comentario homólogo a los realizados para los problemas ambientales globales discutidos antes: la acción específica sobre las causas concretas del problema es una estrategia más efectiva que el abordaje del problema sobre el que la mayoría del planeta tiene poco que aportar.

III Lovelock, J. (2005). *Op. cit.*

En otras palabras, si los fabricantes de CFC y otros gases agotadores de la capa de ozono son muy pocos y claramente identificables, ¿no sería más razonable la prohibición directa o en el mejor de los casos la sustitución y renovación tecnológica dirigida a esos fabricantes, sin involucrar a la población mundial en una campaña que le es un tanto ajena? Usualmente y en sentido amplio, cuando se establece científicamente que una emisión es peligrosa para el ambiente (como el caso de los CFC) y las autoridades ambientales de un país detectan la existencia de esta emisión, actúan sobre la fuente generadora hasta alcanzar los niveles de seguridad requeridos. Esta es la forma más efectiva de proceder, independientemente de las iniciativas globales.

El caso de los CFC y el debilitamiento de la capa de ozono dejan varias preguntas sin responder, que requieren un abordaje distinto del de la gestión ambiental:

▸ Si la vida útil de estos compuestos en la atmósfera es de décadas y en ocasiones de más de un siglo, ¿cómo es que se da por solucionado el problema con la aplicación del protocolo de Montreal y la sustitución de los CFC por otros gases? De ser tan graves los riesgos y tan contundentes las constataciones ¿no debería existir una inercia de varias décadas en los efectos ambientales? ¿O al sustituir los CFC por un nuevo producto se puede dar por concluido el tema? La OMM (Organización Meteorológica Mundial) informa de un franco proceso de recuperación de la capa de ozono desde que se prohibieron los CFC.

▸ Si las multinacionales que tenían las patentes de producción de los CFC (que expiraron) son las mismas que hoy tienen las patentes de los sustitutos (renovaron su exclusividad), ¿no es esperable que estas empresas estén especialmente interesadas en demostrar los riesgos y daños de los CFC y promover la sustitución?

▶ Una vez cerrado (tan rápida y alegremente) el tema a nivel mundial y sustituido por otro problema ambiental global, ¿es posible hacer cuentas de la sustitución? ¿Quién pagó los costos?, ¿se transfirieron al público? Y ¿quién obtuvo grandes ganancias?, ¿habrá sido la industria química a través de los nuevos sustitutos de los CFC?, ¿habrá sido la industria farmacológica a través de las miles de cremas que se apuraron a sacar al mercado para protegernos de ese cáncer que nos acechaba en la playa?

EJEMPLO 4
La extinción en masa y el conservacionismo

EL CRECIMIENTO DEMOGRÁFICO, LA MODIFICACIÓN DE HÁBITATS y el fetiche del crecimiento económico ilimitado están extinguiendo especies en todo el planeta a una velocidad mayor que en cualquier período de la historia de la biosfera. Según muchos científicos especializados en el estudio de la biodiversidad, la tasa de extinción es mayor hoy que cuando de modo abrupto y debido a múltiples razones desaparecieron los dinosaurios.

A lo largo de la historia del planeta la tasa de extinción promedio fue de una especie por millón por año, con una tasa similar de aparición de nuevas especies (especiación), lo que mantenía equilibrada la relación extinción/especiación.

Sin embargo, según afirman estos expertos, la relación actualmente es de 100/1 y con una tendencia a incrementarse rápidamente, y a este ritmo en el 2050 habremos perdido cerca de la cuarta parte de las especies que tenemos en la actualidad. Ni pensemos en el 2100 porque el pronóstico es aterrador.[112]

Según la definición propuesta al inicio de este libro, la pérdida de biodiversidad es un problema ambiental global, debido a que es causada por un modelo de desarrollo económico de alcance mundial y afecta a la mayoría de la biosfera.

La economía mundial se sostiene en los ecosistemas naturales: más de la mitad del PIB mundial lo aporta la naturaleza en bienes y servicios directos, sin ninguna intervención humana. Y al contrario de lo que piensa mucha gente, el mayor aporte de la naturaleza a la economía mundial no radica en la extracción de recursos naturales, sino en contar con ecosistemas saludables que le den sostenibilidad a las actividades humanas.

La salud de la población mundial depende de manera intrínseca de los ecosistemas naturales. Más de la mitad de los medicamentos sintetizados por

---

[112] Broswimmer, F.J. (2005). *Ecocidio. Breve historia de la extinción en masa de las especies.* Editorial Océano.

los laboratorios del mundo dependen de la disponibilidad de flora silvestre y permanentemente se descubren nuevas propiedades curativas de las plantas para combatir enfermedades.

Ante esta generosidad de la naturaleza la respuesta del hombre ha sido tan contundente como criminal: extinción de más de 100 especies cada día; desaparición de más de 50.000 hectáreas de selva tropical cada día.

Se han escrito muchas valoraciones éticas y morales respecto al derecho a la vida de otras especies y también se ha escrito respecto a nuestro derecho a exterminarlas. Es un tema infinitamente discutible que trasciende las pretensiones de este libro. Aquí solo describiremos un problema que amenaza con extinguir al hombre (lo cual no necesariamente es malo para el resto de las especies).

Pero ¿es tan alarmante el proceso de extinción de especies o es que la atención y los esfuerzos de los científicos se centran en una pequeña proporción? ¿Es tan dramático y letal el impacto sobre los ecosistemas o éstos tienen una alta capacidad de adaptación a las nuevas situaciones?

DEFINICIÓN DEL PROBLEMA

La especiación (aparición de nuevas especies) y la extinción (desaparición total de especies) son procesos naturales, en los que se sustenta la Teoría de la evolución de Darwin. De hecho los investigadores consideran que en la actualidad existe menos del 1% de las especies que han existido, pero permanentemente están apareciendo nuevas especies.

La afectación global de la biodiversidad se evalúa comparando la tasa de extinción con el tiempo esperado de especiación (es decir el tiempo necesario para que la evolución produzca nuevas especies): en la medida que esta relación se agranda, mayor es el desequilibrio o afectación global a la biodiversidad. Cualquiera sea el nivel estudiado de biodiversidad, hoy muestra signos inequívocos de afectación por acción del hombre.

En la historia de la biosfera han existido al menos tres eventos de extinción en masa:

- El primero hace 250 millones de años, posiblemente debido a la deriva de las grandes masas continentales en su proceso de fusión y separación. De este evento de extinción se conoce muy poco.
- El segundo se produjo hace cerca de 200 millones de años, por el impacto de un meteorito de varios kilómetros de diámetro en Canadá y las erupciones volcánicas de gran escala en Suramérica.
- El tercero, 65 millones de años atrás, el más conocido por haber provocado la extinción de los dinosaurios (junto a cientos de miles de otras especies), se produjo por múltiples factores climáticos, catalizados por un meteorito de unos 10 kilómetros de diámetro que impactó en México.[113]

---

113 Ward, P.D. (1995). *The End of Evolution: A Journey in Search of Clues to the Third Mass Extinction Facing the planet Earth*, Bantam Books, Nueva York.

Algunos investigadores consideran que no han sido tres sino cinco los eventos de extinción en masa, pero lo que en realidad nos interesa es que la tasa de extinción actual sugiere que estamos ante un nuevo y violento período de extinción, con dos particularidades: este es más rápido que los anteriores y es provocado por la acción del hombre.

El hombre cazó desde la Edad de Piedra a los grandes mamíferos que poblaban las praderas de Norte y Suramérica hasta provocar en forma directa la extinción de la gran mayoría de ellos. Los polinesios hace 12.000 años cazaron las aves de las islas del océano Pacífico, hasta acabar con el 20% de las aves del planeta (que habitaban en estas cerca de 800 islas). De esta manera provocaron en forma directa la extinción de miles de especies de aves.

Existen muchos ejemplos similares a la extinción de los grandes mamíferos de América o la extinción de las aves del Pacífico. Los eventos de extinción por acción directa del hombre no son nuevos, tal vez son inherentes al hombre.[114]

Pero algunos científicos estiman que la tasa de extinción actual es de 100 a 1.000 veces superior al período preindustrial, y lo más preocupante es que las poblaciones de muchas especies aún no amenazadas están disminuyendo en forma sostenida (que es la etapa previa a la amenaza de extinción).[115]

Recientemente la Unión Internacional para la Conservación de la naturaleza (IUCN, por sus siglas en inglés) «anunció» que uno de cada cuatro mamíferos se encuentra en peligro de extinción.

De constatarse este escenario, la pérdida de biodiversidad nos afectará directamente y a corto plazo, ya que implicará una reducción de la capacidad de la naturaleza de brindarnos servicios básicos (vulnerabilidad en áreas costeras, agua potable, depuración de efluentes, descontaminación del aire, producción pesquera, control natural de plagas, entre muchos otros).

---

114 Broswimmer, F.J. *Op. cit.*

115 Wilson, E.O. (1994). *La diversidad de la vida.* Editorial Crítica, Barcelona.

Cuando hablamos de biodiversidad no nos referimos solamente a la cantidad de organismos distintos en un área determinada; si bien el concepto se alimenta de los índices de diversidad, integra la variedad y variabilidad, la riqueza, el flujo génico, el endemismo. Esto hace que al referirnos a la biodiversidad consideremos simultáneamente distintos niveles de integración de sistemas biológicos:

- ▸ *Diversidad de ecosistemas.* Se refiere a la calidad de las interrelaciones de las comunidades bióticas (organismos vivos) y de los procesos ecológicos en un área determinada, lo que la hace muy difícil de cuantificar. La diversidad de los ecosistemas está condicionada por las características físicas del medio abiótico y por la disponibilidad de los recursos físico-químicos que soportan la vida. Los ecosistemas son el nivel más complejo y frágil de la biodiversidad y es en la modificación de los ecosistemas donde se registran las mayores intervenciones humanas.
- ▸ *Diversidad de especies.* Comúnmente la diversidad en el ámbito de las especies se usa como sinónimo de riqueza, haciendo referencia al número de especies presentes en un área determinada. Sin embargo, la diversidad debe considerar el rol de cada especie en las redes tróficas del ecosistema que habita, existiendo especies más importantes que otras para la biodiversidad.
- ▸ *Diversidad de genes.* Se refiere a la variación genética entre los individuos. Todos los seres vivos heredan características de sus progenitores mediante el material genético, pero este material varía por mutaciones y recombinación, haciendo que los organismos cambien, sean más exitosos y se adapten mejor a su entorno. Este proceso tiene un componente probabilístico fundamental, por lo que al disminuir el tamaño de las poblaciones la diversidad genética disminuye, empobreciendo a las especies y haciéndolas más vulnerables a los cambios

del ambiente. Así, la reducción en las poblaciones reduce la variabilidad genética, mermando la capacidad de adaptarse a otros cambios ambientales globales (como el calentamiento global y la reducción de la capa de ozono).

Si bien la brecha entre la tasa de extinción y el tiempo de especiación nunca fue mayor que en la actualidad, el desarrollo de la ciencia y la tecnología, en lugar de permitirnos una integración equilibrada en la naturaleza, ha acelerado el desequilibrio, haciendo al hombre una especie cada vez más eficiente en la explotación de los recursos naturales y, por lo tanto, más dominante en los ecosistemas que habita.

En otras palabras, en una biosfera finita el crecimiento poblacional y el crecimiento de la economía implican un mayor consumo de recursos naturales por parte del hombre y menos recursos disponibles para cualquier otra especie.

El Producto Interno Bruto (PIB) es aceptado como un indicador de desarrollo económico, pero también es un buen indicador de pérdida de biodiversidad y de extinción de especies: el crecimiento del PBI que festejan los gobiernos, no lo festeja ninguna otra especie.

LA CAUSA: NOSOTROS

En el entendido de que dependemos de la naturaleza, que es finita, sin ninguna consideración ética y con un enfoque totalmente pragmático, sería razonable preguntarse: ¿Cuántos recursos naturales debemos conservar para que el desarrollo económico no se nos vuelva en contra? Y si el agotamiento de los recursos es la antesala de nuestra autodestrucción (lo que no necesariamente es malo para el resto del planeta), ¿no tendrá menos costos para el hombre preservar la biodiversidad?

Al buscar las causas de la pérdida de biodiversidad se las suele ordenar en tres grandes grupos:

▸ *Crecimiento poblacional.* Para el año 2050 la población mundial se aproximará a 10.000 millones de personas. La mayoría de esta población en crecimiento se asienta en las áreas de mayor disponibilidad de recursos naturales, concentrando sus consumos y emisiones en estas zonas, que suelen ser especialmente vulnerables. Por ejemplo en las áreas costeras, donde tiende a concentrarse la población, se incrementa el tráfico marítimo y fluvial, la extracción de agua y el vertido de efluentes, la captura de especies comerciales, entre otros efectos.

▸ *Mayor demanda de recursos naturales.* En los países donde la población crece menos, el consumo crece más. Por ejemplo en Estados Unidos durante el siglo XX la población se triplicó pero el consumo por habitante se multiplicó por 20.

La extracción de agua de ríos, lagos y acuíferos más que se duplicó en los últimos 50 años.

La deforestación por acción humana ha alcanzado límites sin precedentes. Alrededor de 15 millones de hectáreas de selvas y bosques naturales son deforestados cada año (el equivalente a 50 campos de fútbol por minuto).

El 75% de las pesquerías del mundo están sobreexplotadas. De hecho los investigadores coinciden en que el 20% de las especies de peces de agua dulce han desaparecido o están amenazadas. Algo similar sucede con anfibios, moluscos y otros grupos taxonómicos.

▸ *Modificación de hábitat.* En los últimos 50 años la modificación de los ecosistemas naturales por acción humana ha sido mayor que en toda la historia de la humanidad. El 50% de la superficie terrestre ha sido modificada por la acción del hombre. La conversión de suelos naturales a la agricultura en los últimos 40 años ha sido mayor que los siglos XVIII,

XIX y primera mitad del XX juntos. En ese mismo período se ha perdido el 40% de los manglares y más del 20% de los arrecifes de coral (cerca de la mitad de los arrecifes sobrevivientes se encuentran amenazados).

La demanda humana sobre la naturaleza excede en la actualidad en un 20% su capacidad de proveernos bienes y servicios. Sin embargo, para poder atacar el problema mediante acciones concretas es necesario identificar las actividades específicas que afecten a la fauna y a la flora: urbanización, agricultura, recreación y turismo, emisiones domiciliarias, extracción de recursos minerales e hidrocarburos, introducción de especies exóticas, vialidad y carreteras, desarrollo de industrias en general.

Nuevamente una formulación global del problema no nos permite gestionarlo y tenemos que ir a las actividades específicas que lo provocan para diseñar las soluciones. «La mayor tasa de extinción de especies en la historia del planeta» es un dato impactante que nos conmueve, pero no da información relevante para la solución del problema. En cambio «Destrucción del arrecife de coral ubicado frente a Cancún por deportes náuticos con motores fuera de borda» es una formulación local del problema, que nos permite controlar y prevenir las causas específicas de un problema de pérdida de biodiversidad.

OTRA VEZ LA BUROCRACIA

La IUCN y el WWF (Fondo Mundial para la Naturaleza, por sus siglas en inglés) son dos de las organizaciones conservacionistas multinacionales dedicadas a la protección de la fauna más importantes del mundo, estrechamente emparentadas entre sí y con el PNUMA (Programa de las Naciones Unidas para el Medio Ambiente). Es un caso interesante de sinergias entre dos sectores clave de la globalización ambiental: ONG y ONU. Entre ambos son responsables de la política de protección de fauna silvestre en todo el planeta, para lo cual el establecimiento de áreas protegidas es la estrategia más utilizada.

La preocupación por esta pérdida de biodiversidad hizo que el PNUMA (ONU) y IUCN promovieran en 1992 un tratado mundial sobre Diversidad Biológica (que ellos mismos lideran y administran). Desde entonces ha aumentado sustancialmente la cantidad de áreas protegidas en el planeta, aunque no la conservación real de las especies. En 2002, 10 años después de la entrada en vigencia del tratado, los 190 países firmantes renovaron su vocación conservacionista y se comprometieron a redoblar sus esfuerzos hacia el 2010. Falta un año y no se ven resultados. Cada vez más reuniones internacionales para actualizar el diagnóstico, los mega-talleres para discutir planes de acción y hojas de ruta, más consultores, más informes. Y la burocracia de la Biodiversidad sigue creciendo.

Luego de un tímido comienzo como herramientas de gestión ambiental en escalas locales, y después de su adopción en todos los continentes, las ONG conservacionistas multinacionales con el respaldo (a veces con la iniciativa) del PNUMA comenzaron a ampliar y globalizar las áreas protegidas, llegando a las actuales «Reservas de Biosfera» y «Áreas Protegidas Transfronterizas», entre otras figuras que por su vastedad son totalmente inútiles como estrategias de protección, aunque incluyen enormes gastos en burocracia, informes, viajes y congresos.

La mayoría de los esfuerzos reales de conservación (investigación científica y tecnológica, normativa y penalización, áreas protegidas) se centran en las llamadas «zonas rojas o de conflicto», que no ocupan más del 1,5% de la superficie del planeta. Si bien estos esfuerzos son imprescindibles, el problema de pérdida de biodiversidad tiene alcance planetario y corroe aceleradamente la vida del restante 98,5% de la Tierra.

Existen muchos acuerdos internacionales para enfrentar el problema de la pérdida de biodiversidad: la Convención de Diversidad Biológica, la Convención en Comercio Internacional de Especies en Peligro de Fauna y Flora, el Protocolo de Cartagena para la Bioseguridad, entre otros; pero la situación no mejora para las especies. Estas herramientas suelen ser de adhesión voluntaria, están poco reglamentadas, cuentan con escasos mecanismos de control y menos de sanción.

Como en otros problemas ambientales globales, los Estados suscriben los acuerdos, a veces pagan las cuotas, asisten a los eventos internacionales y nuevamente se va formando una burocracia internacional que en este caso parasita a las especies en peligro.

De hecho pocas herramientas de gestión de problemas ambientales globales son tan endebles (casi hipócritas) y son tan violadas como éstas, y por los propios gobiernos de todo el mundo.

Las acciones de protección de la biodiversidad verdaderamente eficientes son las iniciativas locales, donde una comunidad se apropia de un ecosistema y lo protege por su propio interés, porque comprende que su supervivencia como grupo está relacionada a la supervivencia de algunas especies de la flora y la fauna. En definitiva, es más importante la descentralización de la protección de las especies mediante el fortalecimiento de la acción local que su globalización mediante protocolos mundiales.

PREDICCIONES EN EL AIRE

Según la IUCN, entre el 15% y el 50% de las especies superiores mejor estudiadas se encuentran amenazadas, claro que estos porcentajes se pueden deber a que se estudia sobre todo a las especies que se sospecha están bajo algún tipo de amenaza.

Si bien este problema es indiscutible, el nivel de desconocimiento que la Ecología posee respecto de la biodiversidad del planeta es enorme, tal vez uno de los mayores de cualquier disciplina de las ciencias biológicas, lo que relativiza mucho las predicciones respecto a extinción y especiación.

En este contexto, habría que determinar si está aumentando dramáticamente la tasa de extinción o el aumento en los esfuerzos

194

científicos y los recursos asignados a estos estudios están dando resultados y por primera vez se accede a información de fenómenos que no son nuevos, solo que no los conocíamos.

Los diagnósticos de extinción de especies (ubicados en decenas de miles por año) y los pronósticos igualmente alarmantes son, de todos los problemas ambientales globales, las hipótesis menos fundamentadas en datos verificables.

En contraposición a la opinión oficial de que el calentamiento global provocará la desaparición de entre el 50% y el 75% de todas las especies tropicales para fines del siglo XXI, recientes investigaciones demuestran que se podría estar subestimando la capacidad de adaptación de los ecosistemas a los cambios en el clima, siempre que éstos sean graduales, y desarrollan pronósticos muy cautos, en oposición al cataclismo biológico. Estos nuevos estudios descubrieron que un tercio de los bosques tropicales deforestados se están recuperando, y se cree que si los cambios en el clima no son bruscos gran parte de la biodiversidad tropical los absorberá, sobre todo si se considera además la reducción de la presión antrópica sobre estos hábitats.[116]

La predicción que cuenta con mayor respaldo científico indica que de seguir las cosas por este camino en los próximos 50 años habrá desaparecido entre el 0,7% y el 1% de las especies que hoy habitan el planeta. Esta tasa de extinción es cientos de veces superior a la tasa natural, pero está abismalmente lejos del 20% de extinción en el mismo período pronosticado por algunos organismos internacionales sin datos que los respalden.[117]

A mediados de los años noventa algunos biólogos ambientales «consagrados», como Wilson o Myers, pronosticaban una extinción del orden del 20% del total para el año 2000, pero sin datos que permitieran corroborar *a posteriori* la afirmación. La realidad es que ha pasado una década y no hay ninguna evaluación científica de aquel

---

116 Wright, J. (2005). «Tropical forests in a changing environment». *Trends of Ecology and Evolution* 20, N° 10, p. 553-560.

117 Lomborg, B. *Op. cit.*

pronóstico. Pero omitiendo esto, se refuerza la hipótesis con predicciones más aterradoras, pero con la misma falta de datos científicos que permitan su evaluación.[118]

De hecho no existen trabajos científicos que respalden estos datos de la extinción de 40.000 especies por año, solo autorreferencias y citas circulares que llevan a los mismos diagnósticos, pero en ningún caso aparecen los datos de base en que se sustentan. De alguna forma, la repetición y la autorreferencia de diagnósticos como éste se han convertido en verdades oficiales, aun cuando la misma IUCN discrepa claramente respecto de esta cifra y sus investigadores publican datos de extinción de entre 1.400 y 2.000 especies al año.

Asumiendo que existen 30 millones de especies, que es un valor intermedio entre las distintas hipótesis, y que la vida evolutiva de una especie se cree que está entre 1 y 10 millones de años, investigadores de IUCN estiman con la información disponible una tasa de extinción inferior al 1% en los próximos 50 años, más de 1.000 veces superior que la tasa natural de extinción, pero que, como dijimos, dista mucho del 20% pronosticado por otros investigadores.[119]

Lo que da como resultado que algunos científicos realizaron una estimación de 40.000 especies extinguidas al año y una pérdida del 20% del total en 50 años basados más en una aproximación conceptual a la gravedad del problema que en datos estadísticos. Esto se transformó en otro mito, independientemente de que investigaciones más rigurosas ubicaron la tasa de extinción por debajo de 2.000 especies al año y en menos de 1% en medio siglo. Tal vez sería una buena práctica que los científicos rindan cuentas por sus predicciones, aunque sea como un sano ejercicio de evaluación para corregir errores metodológicos.

---

[118] Wilson, E.O. *Op. cit.*

[119] Whitmore, T.C. y J.A. Sayer (1992). *Tropical deforestation and species extinction*, Chapman and Hall. Londres.

Como consecuencia de los distintos eventos de extinción en masa y de los procesos permanentes de especiación dirigidos por la selección natural, hoy viven en nuestro planeta no más del 1% del total de especies que en algún momento lo habitaron, lo que corresponde a una situación totalmente natural y no de origen antrópico.

Hoy sabemos que los procesos evolutivos no presentan el gradualismo y la linealidad prevista por Darwin, que los procesos de especialización ante determinadas contingencias históricas (un meteoro, los seres humanos) pueden desembocar en extinciones masivas, pero luego de cada evento de extinción en masa sobreviene una explosión de biodiversidad, una etapa de gran innovación evolutiva. Tal vez debido a que muchos nichos ecológicos quedan disponibles para que la naturaleza experimente con nuevas especies que antes no tendrían cabida.

Por lo tanto, si estamos ante un nuevo evento de extinción en masa, luego seguramente ocurrirá una explosión evolutiva con la aparición de muchísimas nuevas especies. Tal vez no estemos nosotros ni la mayoría de las especies que conocemos, pero de eso se trata la evolución.

Además, la biodiversidad actual es prácticamente desconocida para la ciencia; no en vano distintos estudios concluyen que no se conocen más del 10% de las especies que viven actualmente y de la mayoría de ellas se sabe muy poco. En este contexto de desconocimientos más que de certezas, parece conveniente ser cautos respecto a los pronósticos de desaparición en masa por acción humana y de una reducción de la biodiversidad en un 20% en un plazo de pocas décadas.

Las profecías de catástrofes ambientales han estado presentes siempre en las comunicaciones y la literatura: calentamientos, enfriamientos, cometas y extinciones en masa… Pero ahora están acompañadas de grandes volúmenes de literatura científica. Claro que un enfoque darwiniano, evolucionista, es aburrido e inconveniente en los frenéticos tiempos del *zapping* en que hay que tomar decisiones rápidas y suficientemente sencillas como para que sean apropiadas por grandes multitudes: sin duda son más atractivas las explicaciones catastróficas y globales (aunque a veces no alcancen para explicar los procesos reales).

Es más fascinante el cometa cayendo sobre la tierra y exterminando rápidamente a los dinosaurios que un proceso de superespecialización que los fue haciendo ineficientes y vulnerables ante los cambios del ambiente (algunos rápidos como un cometa pero otros de millones de años como la aparición de pequeñísimos y exitosos competidores).

La explicación global del cometa exterminador es más rápida y contundente que, por ejemplo, la aparición de las mariposas y sus voraces larvas herbívoras, posiblemente las orugas, que sin tener aún aves que las controlaran conquistaron gran parte de los ecosistemas terrestres del planeta consumiendo el alimento vegetal hasta entonces destinado a los grandes herbívoros. El alimento devorado por las orugas comenzó a escasear para los pesados y poco eficientes herbívoros que, a su vez, al desaparecer provocaron la escasez de alimentos y la desaparición de los grandes carnívoros que predaban sobre ellos. Así fueron sobreviviendo con éxito las formas más pequeñas y eficientes. Muy probablemente en este mismo período comenzaron a aparecer otros pequeños animales que se alimentaban directamente de los huevos de los grandes saurios.

El cometa que provocó la desaparición de los dinosaurios es un dato objetivo, imprescindible para explicar su extinción en ese momento de la historia del planeta, pero en el contexto de la teoría de la Evolución. La caída de ese cometa fue el cataclismo que dejó en evidencia su incapacidad para adaptarse a cambios en el ambiente: con ese cataclismo o muchos pequeños eventos el resultado hubiera sido el mismo, la selección natural de todas formas hubiera dado paso a formas de vida más eficientes. Algunos de los grandes saurios carnívoros, que usualmente son presentados como predadores perfectos, en realidad en un momento de la historia del planeta comenzaron a ser ineficientes, desproporcionados para la disponibilidad de alimentos y el tipo de ecosistemas que habitaban. El gran Tiranosaurio Rex tenía una cabeza tan pesada y unos miembros delanteros tan inútiles que si tropezaba y se caía corría serio riesgo de morir por fractura de cráneo. Difícil imaginar algo más ineficiente.

La explicación global del cometa, vista como algo absoluto y aislado, extrapolada a nuestros días nos impide ver a los dinosaurios en muchos animales actuales que luchan por adaptarse a un mundo siempre nuevo y siempre cambiante. Algunos lo logran y van dando lugar a nuevas especies. Otros no lo logran.

Es más sencillo visualizar los efectos negativos de nuestras acciones sobre el ambiente mediante grandes venganzas explosivas de la naturaleza, que mediante los efectos crónicos del deterioro acumulativo y el agotamiento de los recursos naturales. Es claro que los efectos crónicos y los agudos no son excluyentes, la acumulación de deterioros generados por daños pequeños puede provocar manifestaciones espectaculares; el error es comenzar a analizar el problema por la manifestación espectacular y no por sus causas específicas.

Otra vez, en este problema ambiental global, nos encontramos con organismos internacionales y protocolos mundiales que no aportan en lo sustancial a la solución del problema, y es que el problema tiene causas concretas que son las que se pueden gestionar (la modificación de un hábitat, la sobreexplotación de un recurso natural), mientras que el problema de la extinción visto en masa como un holocausto no nos permite actuar en forma específica diseñando medidas para cada intervención humana en particular.

Podemos determinar las causas específicas de la baja tasa de reclutamiento de determinada población, correspondiente a una especie amenazada, asociada a la desecación de un humedal o a la tala de un bosque, entonces podremos establecer fácilmente las medidas de gestión para prevenir el problema. Las herramientas convencionales de gestión ambiental aportan elementos útiles en este sentido, pero difícilmente podamos diseñar estrategias de intervención que contribuyan a enfrentar el problema a escala global.

Estos comentarios, que pretenden relativizar los pronósticos apocalípticos, no deben hacernos perder de vista la gravedad del problema. Cada vez que se destruye un ecosistema nos hacemos todos un poco más pobres. Un charco o un arroyo, un pico nevado o un parche de selva tropical, son la única fuente de riqueza verdadera que tenemos. Pero no solo perdemos fuentes de riqueza espiritual, de inspiración para cualquier forma de arte, perdemos las riquezas materiales que sostienen a la humanidad. Por lo tanto, si bien no podemos concluir en forma contundente que la desaparición de especies y ecosistemas tiene hoy características similares a los peores cataclismos que sacudieron al plantea y que por ejemplo hicieron desaparecer a los dinosaurios hace 65 millones de años, si podemos afirmar que el problema es grave y creciente, y también podemos afirmar que ante esta emergencia planetaria la humanidad ha preferido mirar hacia otro lado y continuar como si todo estuviera más o menos bien.

A veces la fascinación por el desarrollo científico y tecnológico nos lleva a pensar que tenemos la capacidad de remediar nuestros impactos sobre el ambiente, por lo que es necesario establecer con claridad lo siguiente: en la enorme mayoría de los casos el hombre no puede remediar los impactos causados sobre los ecosistemas naturales, no existe aún tecnología capaz de remediar los daños que provocamos al ambiente, pero sí poseemos la capacidad y las tecnologías para no provocar esos daños, para prevenir la contaminación. Es el caso de la extinción de especies, no lo podemos remediar pero podemos prevenirlo.

Una vez que perdemos una selva tropical o un arrecife de coral, desaparece con él una gran cantidad de seres vivos y no tenemos posibilidades de restablecer las condiciones originales. Esa fascinación por las posibilidades de la ciencia nos conduce al autoengaño de que con buenas reservas y bancos de genes podemos reconstruir la naturaleza, pero esto es un gran error. No alcanza con volver a la vida a una especie extinta si los ecosistemas imprescindibles para su desarrollo ya no existen, si las infinitas relaciones entre los componentes de esos complejísimos ecosistemas se han roto definitivamente.

Lo único que lograremos recuperar será algo así como una sombra o un espectro de la especie anteriormente existente: será el equivalente genético de esa especie, pero la conducta de una y otra habrán evolucionado en distintos entornos y serán, por tanto, diferentes. El comportamiento de la especie se adaptará al nuevo entorno sintético que habremos creado para ella, y tal vez eso sea mejor que perder dicha especie para siempre, pero no la habremos salvado.[120]

---

120 Gray, J. *Op. cit.*

PARTE III

La Gestión Ambiental en crisis

«En cierto sentido, la gran fiesta del siglo veinte,
con su extravagante despilfarro y sus juegos de guerra, se ha acabado.
Ahora es el momento de limpiar y sacar la basura.»
(J. Lovelock, 2007)

¿CRISIS AMBIENTAL O CRISIS DE LA GESTIÓN AMBIENTAL?

Hemos hablado de la necesidad de analizar y gestionar a nivel local los problemas ambientales, pero aquí nos enfrentamos al problema de que las dos principales herramientas para abordar las problemáticas ambientales a nivel local están atravesando una severa crisis de legitimidad:

1. *Las Evaluaciones de Impacto Ambiental (EIA)* son herramientas predictivas, que normalmente se aplican antes de que el emprendimiento exista y esté operativo, con la finalidad de recrear el escenario suponiendo que el proyecto existe y predecir los impactos que tendrá sobre el ambiente. Si bien las EIA son herramientas de decisión muy preliminar, que no tienen más pretensiones que establecer si el proyecto es viable y qué tipo de impactos deberá prevenir, la vida ha hecho que a esta herramienta se le exijan respuestas más precisas y se la ha asimilado, equivocadamente, a una herramienta científica.

2. *Los Sistemas de Gestión Ambiental (SGA)* son herramientas para la gestión de una organización ya en su etapa operativa. Los SGA

están enfocados a la prevención de la contaminación durante toda la vida operativa del emprendimiento y buscan sistematizar la gestión ambiental en base a la aplicación de conjuntos de herramientas (manuales, procedimientos, auditorías, entre otros).

Estas dos herramientas, las EIA y los SGA, que deberían ser complementarias a lo largo de la vida de un proyecto o empresa para asegurar un buen desempeño ambiental en cualquiera de sus etapas, son poco menos que incompatibles metodológicamente y están siendo cuestionadas por no dar respuesta a muchos de los problemas ambientales actuales. Veamos con cierto detalle esta problemática asociada a las herramientas de evaluación y de gestión ambiental.

LA CRISIS DE LAS EIA

Las Evaluaciones de Impacto Ambiental son procedimientos técnico-administrativos que persiguen la identificación y evaluación predictiva de los impactos ambientales que un proyecto o actividad produciría en caso de ser ejecutado. Según la Asociación Internacional de Evaluación de Impacto Ambiental, «la EIA es el proceso de identificación, predicción, evaluación y mitigación de efectos biofísicos, sociales y otros relevantes, de propuestas de desarrollo, antes de tomar decisiones importantes y asumir compromisos». Por definición, la EIA se aplica a proyectos y se realiza en forma previa a su desarrollo para acceder a una autorización.

Sin embargo, los conceptos asociados al medio ambiente son conceptos polisémicos, adoptando significados distintos en función del contexto, la época y otras variables. En particular la evolución de las ciencias ambientales, de la legislación ambiental, de los reclamos sociales y la conciencia ambiental, ha hecho transformar el concepto original de EIA de un enfoque administrativo esencialmente ligado a la obtención de una autorización hacia una herramienta que implica el diseño de soluciones para cada impacto ambiental identificado, que requiere alcanzar consensos sociales y respaldos científicos, y no solo con la finalidad de obtener una habilitación por parte de la autoridad competente.[121]

La EIA tiene dos grandes componentes:

- El *Proyecto* se desagrega en todos sus elementos: procesos, actividades, equipamientos, insumos, productos.
- El *Ambiente* también se desagrega en todos sus elementos: medio abiótico, medio biótico, medio antrópico.

En pocas palabras podemos decir que la EIA es la predicción de los cambios que sufrirá cada elemento del Ambiente a consecuencia de cada elemento del Proyecto.

Esta herramienta surgió en los Estados Unidos a fines de la década de 1960 ante la degradación ambiental que provocaban los grandes proyectos de infraestructura, con el objetivo de sistematizar la evaluación de estos daños y gestionarlos. Rápidamente la EIA fue evolucionando en su metodología hasta convertirse en un requisito legal en 1969, al aprobarse la NEPA (National Environmental Policy Act) en enero de ese año.[122]

A partir del modelo de EIA de EE.UU. de los años setenta, este instrumento comenzó a generalizarse en los países desarrollados y hoy sigue siendo el referente, no solo por ser el primero sino porque efectivamente es de los más completos. En 1973 Canadá incorpora la EIA a sus requisitos legales, en 1976 lo hace Francia y en 1985 la Unión Europea introdujo en su legislación la obligatoriedad de las Evaluaciones de Impacto Ambiental para una extensa lista de emprendimientos. En las décadas de 1980 y 1990 la adoptan muchos

---

121 Canter Larry, W. (1998). *Manual de Evaluación de Impacto Ambiental: Técnicas para la elaboración de estudios de impacto.* Mc Graw Hill, 2ª Edición. España.

122 NEPA (1986). *The National Environmental Policy Act of 1969.* http://www.nepa.gov/nepa/regs/nepa/nepaeqia.htm

países del tercer mundo por presión de los organismos multilaterales de crédito y en la actualidad la gran mayoría de los países incluyen la EIA en forma obligatoria en su ordenamiento jurídico.

La crisis de la EIA se podría definir como una crisis de legitimidad: la mayoría de los actores locales desconfían de sus resultados. Síntoma de ello son los conflictos ambientales emergentes en muchos puntos del plantea, para distintos tipos de proyectos que aunque cuenten con Evaluaciones de Impacto Ambiental y con las autorizaciones correspondientes, son tan cuestionados como si realmente estuvieran carentes de cualquier estudio ambiental.

Peor aún, una EIA realizada sobre un mismo proyecto por una empresa consultora, por una autoridad estatal, por un organismo de crédito, por una universidad o por una ONG, suele arrojar resultados distintos y muchas veces contradictorios.

El problema no es de los consultores, las ONG, el Estado, las universidades o los organismos de crédito. Lo que está fallando estrepitosamente es la metodología de evaluación de los impactos ambientales.

En las EIA tradicionalmente se intenta medir en forma predictiva los impactos ambientales, y allí radica la mayor limitación metodológica. Intentar predecir en forma exhaustiva cuáles serán las afectaciones de una determinada actividad sobre cada nivel trófico de un ecosistema es poco menos que imposible, al menos no es consistente con la teoría ecológica. El concepto de nicho ecológico, entendido como un hipervolumen interactivo en el que cada elemento está estrechamente vinculado a todo el resto, nos advierte sobre la imposible tarea de predecir los impactos en forma más o menos coherente. Aclaremos un poco esta idea.

Hace muchos años se hablaba de cadenas alimenticias donde cada eslabón representaba un nivel trófico, y como en toda cadena cada eslabón solo se unía al posterior y al anterior. Un eslabón lo constituían los productores primarios (fotosintetizadores), otro los consumidores primarios (herbívoros que se alimentaban del nivel anterior), luego los consumidores secundarios (animales carnívoros que se alimentaban de herbívoros), y así seguía creciendo la cadena con los animales que se alimentan de vegetales y de otros animales, los omnívoros. Los flujos de energía en verticales y en un solo sentido, desde una base alimentada por el Sol hacia una cúspide ocupada por nosotros. Posteriormente, al irse descubriendo que las relaciones tróficas tenían mayor complejidad se comenzó a hablar de redes tróficas en lugar de cadenas, donde se describían relaciones horizontales dentro de cada nivel y relaciones de interdependencia entre distintos niveles tróficos (bastaba con preguntarse: ¿quién está encima: el predador o el microorganismo que lo descompone?).

Pero las relaciones entre los componentes de los ecosistemas fueron evidenciando cada vez mayor complejidad, hasta que en la actualidad se acepta el concepto de nicho ecológico como un hipervolumen, representado gráficamente como múltiples esferas que se interceptan y se incluyen, donde todos los componentes del ecosistema están vinculados, donde es imposible afectar algún componente y suponer que solo ese se afectará.[123]

Si un lector piensa en todos los impactos ambientales que puede provocar una determinada emisión, seguramente otro lector (con otra formación, otro enfoque, otros intereses) podrá señalar otra lista de impactos ambientales causados por la misma emisión sobre el mismo ecosistema. Lo mismo sucede a nivel técnico y científico. Conscientes de la imposibilidad de conocer las larguísimas reacciones de impactos en cadena, de impactos indirectos, difusos y acumulativos, que se desatan al impactar sobre cualquier componente del ecosistema, investigadores en varios países han comenzado a coincidir en que lo que realmente se puede evaluar en forma previa a su ocurrencia es la causa del impacto y no el impacto en sí, es decir evaluar la significatividad de las emisiones al ambiente que provocarán el impacto (no importa cuál).[124]

---

123 Hutchinson, G. (1979). *El teatro ecológico y el drama evolutivo.* Blume. España.

124 Carretero Peña, A. (2002). *Aspectos medioambientales. Identificación y evaluación.* Edición AENOR – España.

Retomemos el ejemplo de un vertido de hidrocarburos en una zona costera. Una vez que el vertido ya ha ocurrido, es posible (aunque con dificultad) medir sus impactos ambientales, evaluar los daños que ha generado, pero antes de que ocurra es imposible evaluar la totalidad de impactos que provocará. Pensemos como ejemplo muy puntual en la fauna de peces. El vertido de hidrocarburos podrá provocar una mortandad de peces como efecto agudo, pero tal vez a otros peces les comience a escasear el alimento, tal vez otros peces que parezcan no afectados presenten pérdida de equilibrio y señales de estrés que los hagan más vulnerables a sus predadores o sean menos eficientes en capturar a sus presas. Y cada modificación en las poblaciones de peces provocará modificaciones en los niveles que están vinculados a ellos (presas, predadores, competidores, etc.). Podríamos seguir mencionando efectos indirectos y vinculando un nivel trófico con otro en forma interminable, las relaciones de causalidad se podrían extender muchísimo en el ecosistema. Muchas de estas modificaciones no serán perceptibles jamás por los humanos, pero eso no les resta importancia.

Desde hace décadas los ecólogos reclaman una visión holística de la evaluación de impactos ambientales, y alertan respecto de las pequeñas decisiones que en forma aislada no parecen tener ningún efecto sobre el ambiente pero que en su conjunto son la causa de gran parte de los deterioros ambientales.[125]

La mayoría de las debilidades que señalan actores locales y organizaciones de la sociedad civil a las EIA, como omisiones o incluso como ocultamientos, suelen ser en realidad consecuencias de este problema metodológico, y no la intención de ocultar impactos ambientales. Cada actor encontrará un sin número de impactos ambientales según su punto de vista. Definitivamente, los impactos ambientales no se pueden evaluar con precisión en forma previa, solo se los puede

---

[125] Miles Scott-Brown (2006). *De la EIA a la EAE y de vuelta: La tiranía de las decisiones pequeñas*. Ponencia realizada para el Seminario de expertos sobre la evaluación ambiental estratégica en Latinoamérica, en la formulación y gestión de políticas. Edit. Biblioteca virtual de FODEPAL. Chile.

estimar en forma aproximada a fin de tomar decisiones respecto a la viabilidad general del proyecto estudiado. Este es el motivo principal de la crisis de las EIA: pretender evaluar en forma previa la totalidad de los impactos ambientales de un proyecto. En lo que se debe centrar la evaluación ambiental de proyectos es en las emisiones (humos, efluentes, residuos sólidos, ruidos, etc.) que causarán esos impactos, pues estas emisiones sí se pueden evaluar de manera previa.

Sumado a esta limitación original y determinante, las EIA han ido acumulando vicios operativos que las han debilitado desde el punto de vista metodológico. Las principales debilidades que presenta actualmente la EIA se pueden resumir en:

- La EIA pretendió ser una herramienta temprana para predecir impactos e incidir en el diseño del proyecto, pero suele ser una herramienta tardía; usualmente el proyecto está totalmente elaborado cuando se evalúan sus impactos y las posibilidades de modificarlo son marginales.

- Al no trabajar en base a las causas (emisiones específicas) sino en base a impactos ambientales, las EIA pretenden estudiar todo, con un enfoque académico alejado de la gestión, perdiendo de vista lo relevante y transformándose en herramientas más descriptivas que predictivas. Grupos de científicos elaboran extensos inventarios de elementos del medio y complejísimos modelos de comportamiento del ambiente, pero no se suelen proponer medidas claras de gestión de los proyectos que faciliten su integración en el entorno.

- El avance del estado del arte en las EIA es lento porque los proyectos compiten, no cooperan y suelen estar protegidos por secreto industrial. Cada nuevo emprendimiento debe comenzar nuevamente aunque proyectos muy similares hayan realizado EIA en zonas cercanas: aunque hayan cometido errores y aprendido de ellos, esos aprendizajes no están disponibles.

- Los aspectos comerciales y de negocios suelen tener tanto o más peso que los aspectos técnicos en las EIA. La necesidad de reducir costos para ser competitivos obliga a consultores y profesionales independientes a minimizar la investigación y priorizar el uso de bibliografía y de su sentido común en desmedro del trabajo de campo.

- En la medida que la EIA es concebida como un procedimiento administrativo para obtener una autorización, el seguimiento de la efectividad de las medidas de mitigación instrumentadas suele ser deficiente. Una vez obtenida la autorización, la EIA es archivada y considerada una etapa terminada en lugar de una herramienta para el futuro.

- El enfoque de las EIA hacia proyectos concretos hace que las políticas de los Estados así como los planes de desarrollo no requieran evaluación de sus impactos ambientales, siendo que estos niveles determinan muchas características de los proyectos específicos que los componen. Los grandes deterioros del ambiente suelen ser resultados emergentes de políticas de Estado y no el resultado de la sumatoria de cada proyecto. En otras palabras, evaluar cada proyecto puede arrojar que no tiene impactos significativos, pese a que si se evalúa la política o el programa se pueden encontrar grandes deterioros. Parece imprescindible que la evaluación ambiental integre los aspectos específicos a una visión holística, o al menos más amplia, que permita ver la acumulación de impactos y los efectos sinérgicos.

- Existe una desproporción entre el énfasis que se pone en la evaluación y en las medidas de control y mitigación. Desde los distintos actores (institucionales, sociales, etc.) se exige mayor profundidad y precisión en la evaluación de los impactos ambientales (que hemos visto que es imposible), pero no se es tan exigente en la instrumentación, seguimiento y evaluación de las medidas de gestión diseñadas para esos impactos.

- Los principios (tal vez epistemológicos) que sustentan a las

EIA están asociados al desarrollo y al crecimiento económico; es un instrumento que tiene vocación de promoción, no de precaución, lo que condiciona el desarrollo metodológico y limita el poder de decisión de las partes interesadas (técnicos de la autoridad ambiental, comunidad, consultores del promotor). Los actores con mayor calificación y experiencia harán los máximos esfuerzos para viabilizar el proyecto, lo cual implica un sesgo importante y obviamente cuestiona la objetividad del proceso de evaluación y gestión ambiental. [126]

Existe una tendencia a instituir la EIA como herramienta central de la gestión ambiental obligatoria por parte del Estado, pero la realidad es que en la mayoría de los países se ha consolidado como la única exigencia importante. Por lo tanto, cabe preguntarse si es suficiente y si está dando los resultados esperados.

LA CRISIS DE LOS SGA

Los Sistemas de Gestión Ambiental son otra gran herramienta que puede complementar a las EIA en la etapa operativa de cualquier proyecto. Es decir, el proyecto que ha sido evaluado y aprobado, una vez que comienza a operar contará con una herramienta para gestionar sus actividades a fin de no provocar contaminación: esta es la finalidad de los SGA. No obstante, también este mecanismo afronta serios problemas metodológicos.

Los SGA apuntan a sistematizar los procesos de gestión ambiental y cada vez más son un componente imprescindible dentro de cualquier tipo de organización, como lo son la seguridad y la salud ocupacional, la calidad o los recursos humanos: el desempeño ambiental tiende a asegurarse mediante el desarrollo de sistemas de gestión. Los principales problemas metodológicos de los SGA se pueden ordenar en dos grandes grupos:

---

126 Miles Scott-Brown. *Op. cit.*

I. SISTEMATIZAR VS. ESTANDARIZAR

La confusión entre sistematizar y estandarizar ha hecho que los Sistemas de Gestión Ambiental no contemplen suficientemente las particularidades y la originalidad de cada organización, de cada empresa, de cada ecosistema, y que el afán por estandarizar se haya convertido en una subestimación de la originalidad de cada sistema.

Si bien se componen de conjuntos de procedimientos, manuales, políticas y otras herramientas, lo más importante para definir un SGA es comprender que, como su nombre lo indica, son sistemas, que todas esas herramientas deben estar integradas formando una unidad, distinta de la sumatoria de las partes. Un conjunto de huesos no es un sistema óseo, el sistema óseo tiene en primer lugar funciones que cumplir, que solo se podrán realizar si los huesos están dispuestos en un orden determinado y con relaciones específicas. Pero además todos los sistemas óseos son distintos, no existen dos vertebrados en el planeta con el sistema óseo exactamente idéntico. Todos los seres humanos tienen la misma cantidad de huesos, pero no encontraremos dos que pesen y midan exactamente lo mismo. Cada Sistema de Gestión Ambiental debe ser único, debe responder a las particularidades de la organización, a su cultura, a sus intereses, a las condiciones específicas del medio en que opera.

Sistematizar implica ordenar según un sistema, *estandarizar* implica hacer igual, reproducible. La confusión entre *sistematizar* y *estandarizar* en última instancia refleja una confusión entre *sistema* y *estándar*. Profundizar en estos conceptos los aleja cada vez más uno de otro. Los sistemas sobre los que trabajamos usualmente presentan alta complejidad y originalidad, mientras que los estándares reflejan lo simple, lo reproducible.

Igual que en las EIA, lo simple y lo complejo se complementan para permitir la evaluación y la gestión ambiental. Estandarizando los elementos sencillos se podrá simplificar el problema y ver con mayor claridad el núcleo complejo del sistema. En realidad los Sistemas de Gestión Ambiental pueden estandarizar la metodología, pero el contenido será siempre distinto, en función de las particularidades de las organizaciones y de los ecosistemas donde actúan.

La pretensión casi compulsiva por estandarizar, por hacer las cosas iguales, en serie, impersonales, que trasciende las exigencias de aseguramiento de niveles de calidad establecidos por los mercados, ha sido un elemento de desprestigio de los SGA y ha sido causa de su rechazo en muchos sectores. En temas ambientales difícilmente una empresa quiera ser igual a las demás, difícilmente alguien quiera ser estándar. Pero esta desviación no es casual: los Sistemas de Gestión Ambiental se desarrollaron estrechamente vinculados a la Organización Internacional de Estandarización (ISO, por sus siglas en inglés) y a las Normas de certificación. Por tal motivo se ha tendido a asimilar Sistema de Gestión con estandarización y certificación.

Los perjuicios de no contemplar las particularidades de lo local, a que hacíamos referencia antes, son muy evidentes en este tipo de herramientas (estrictamente locales). Con frecuencia vemos como se producen «en serie» Sistemas de Gestión con un enfoque burocrático sin considerar la cultura organizacional, el entorno en el que operan, su historia, entre otros elementos particulares. Cada vez más el mercado exige que el buen desempeño ambiental sea demostrado mediante certificaciones ambientales otorgadas por organismos acreditados a tales efectos (terceros independientes). Desde el mercado turístico hasta las grandes industrias con chimeneas demuestran su buen desempeño ambiental mediante la certificación respecto de normas que tengan reconocimiento internacional. En resumen los SGA, las normas de referencia y las certificaciones son conceptos tan estrechamente emparentados que se devalúa la originalidad de cada Sistema de Gestión.

Por supuesto que no podemos perder de vista el fin último de los Sistemas de Gestión Ambiental, que no es otro que controlar las emisiones al ambiente que puedan provocar impactos ambientales; pero posiblemente no logremos este objetivo si no contemplamos las características específicas de nuestra organización. Sin perjuicio de que ambas finalidades (la estandarización y la sistematización) puedan estar presentes, cada SGA debe ser pensado como una herramienta original en función de la organización o proyecto, de sus problemas y sus expectativas, y dentro de esta herramienta ir desarrollando cada una de las tareas de gestión ambiental.

2. LOS SISTEMAS AMBIENTALES COMPLEJOS

En ocasiones la tendencia a estandarizar que describimos en el punto anterior, la división en etapas rígida y claramente delimitadas, donde es necesario haber completado la tarea 1 para comenzar la 2, impregna al SGA de un enfoque administrativo, burocrático y vertical, alejado de los problemas ambientales reales y de la complejidad cultural de la organización.

Los Sistemas de Gestión Ambiental tienen una base metodológica fuertemente influenciada por el método científico, por lo que persiguen la desagregación de los problemas para su análisis, es decir desarmar el problema cuanto sea posible para desentrañar cada uno de los procesos que componen el sistema, desagregar a la organización en el listado exhaustivo de actividades que desarrolla. Este es un abordaje metodológico útil en muchos casos, pero existen sistemas ambientales que no permiten ser desagregados para su evaluación y gestión, que requieren ser analizados en su conjunto y comprendidos como una unidad. Son los que llamamos Sistemas Ambientales Complejos (SAC). Y en realidad muchos ámbitos (industriales o de otro tipo) donde implantamos SGA tienen el comportamiento de Sistemas Complejos.

Los Sistemas Ambientales Complejos contienen vínculos y relaciones no visibles, de las que emergen propiedades y características que no pueden explicarse mediante el análisis de cada componente en forma aislada.[127]

---

[127] Morin, E. (1992). *El paradigma perdido. Ensayo de bioantropología.* Editorial Kairos.

Los ecosistemas son ejemplos clásicos de Sistemas Complejos, desde un hormiguero hasta una selva tropical son sistemas de suma complejidad. Y los sistemas con un alto grado de antropización también suelen serlo: desde las relaciones sociales de producción en una industria hasta la economía de un país son sistemas de altísima complejidad. Justamente estos dos ámbitos (el natural y el antrópico) son los componentes del medio en cualquier Sistema de Gestión Ambiental.

En definitiva, muchos sistemas ambientales tienen niveles de complejidad tales que no pueden ser gestionados mediante el enfoque convencional de planificación-acción-evaluación, como un proceso con tres etapas discretas en que cada una debe ser concluida para comenzar la siguiente. En los Sistemas Ambientales Complejos la planificación, la acción y la evaluación se superponen y enriquecen permanentemente.

En estos sistemas no se puede priorizar el método sobre la experiencia, sobre el conocimiento; en estos sistemas el método tendrá componentes originales, únicos para las particularidades de ese sistema, y no podrá ser estandarizado. Son tantas y tan diversas las variables incidentes y tantos los efectos emergentes que la planificación es solo una primera aproximación necesaria para comenzar a actuar; no se esperará a contar con un diagnóstico acabado del Sistema Ambiental para comenzar la intervención, no se aspirará a más que una imagen parcial y preliminar de la realidad a intervenir y en la medida que se actúe se comprenderá mejor el funcionamiento del sistema.

Pese a que no existe un límite preciso a partir del cual los sistemas ambientales tienen el comportamiento de sistemas complejos, los sistemas construidos por el hombre (por ejemplo con fuertes componentes económicos o culturales) y los ecosistemas que reciben las emisiones de las actividades humanas suelen comportarse como sistemas complejos. Por lo tanto, para la implantación de Sistemas de Gestión Ambiental es imprescindible integrar los dos enfoques desarrollados hasta el momento: el control temprano y preventivo de las emisiones al ambiente y una visón holística, integradora de la evaluación y gestión ambiental.

Tal como están planteados en la actualidad, los SGA son herramientas imprescindibles para la gestión ambiental, pero están lejos de solucionar los problemas ambientales inherentes a los modelos de producción y consumo actuales. Existen proyectos y ambientes que no responden a la aplicación de estas herramientas y deben ser gestionados de otra forma.

En este sentido, aparece como una tarea pendiente y necesaria el desarrollo de un método de evaluación y gestión ambiental que integre una visión holística, desde el paradigma de la complejidad, con una perspectiva cartesiana desde el análisis de cada elemento del sistema, lo que sin duda permitirá un análisis y una representación más cercana a la realidad. Este enfoque metodológico deberá contemplar la evaluación ambiental temprana, integral y participativa de proyectos a desarrollarse en Sistemas Ambientales Complejos.

MEDIO AMBIENTE HAY UNO SOLO: LA INTEGRACIÓN DE EIA Y SGA

El hecho de que la evaluación ambiental de proyectos (EIA) se base en el concepto de Impacto Ambiental (que es una etapa tardía en las interacciones de la emisión y el medio, que implica que el deterioro ya ocurrió), mientras que la Gestión Ambiental de proyectos (SGA) trabaje en forma más temprana, antes de que las emisiones impacten sobre el medio (lo que se conoce como Aspecto Ambiental), dificulta la integración de ambas herramientas en las diferentes etapas de la vida del proyecto.[128]

Es frecuente que una organización realice la EIA a fin de acceder a los permisos de la autoridad ambiental competente y, una

---

[128] Latchinian, A. (2007). «La crisis terminal de las Evaluaciones de Impacto Ambiental». *Revista ALTUS*. Año 2. Nº 1. Uruguay.

216

vez obtenida la autorización, la EIA sea archivada y no sea de mayor utilidad en la gestión ambiental del emprendimiento a lo largo de su vida operativa.

Los nuevos enfoques de evaluación y gestión ambiental basados en las causas de los impactos ambientales y no en los impactos en sí (etapa previa a que los impactos ambientales ocurran), además de profundizar el enfoque preventivo, promueven una integración de la EIA con el SGA a lo largo de la vida del emprendimiento y facilitan los controles ambientales de la etapa operativa del proyecto. De esta forma, el control ambiental de las organizaciones se basará en las causas de los impactos ambientales de su EIA e irá enriqueciendo su Sistema de Gestión Ambiental, el cual será auditable y certificable. En el control ambiental de las industrias u otro tipo de organizaciones pueden participar activamente los organismos de certificación (por ejemplo ISO 14001), transformando esta actividad en un proceso voluntario, exhaustivo y altamente especializado.[129]

Sin duda, la integración de las EIA y los SGA es un proceso que facilita los controles ambientales. El seguimiento y el control a las industrias son realizados principalmente por las autoridades ambientales estatales, mediante pequeños cuerpos inspectivos de técnicos, normalmente sobrecargados de tareas, que en muchas ocasiones no conocen en detalle los procesos productivos específicos que generan las emisiones que están controlando. Este desconocimiento de los procesos los obliga a situarse en el «punto de vertido», es decir a tener un enfoque de fin de línea, a concentrarse en la emisión en lugar de hacerlo en sus causas específicas.

Sin embargo, los organismos de certificación de normas voluntarias acreditados en cada país (por ejemplo la Organización Internacional de Estandarización) cuentan con equipos de auditores ambientales especialmente formados y de amplia experiencia en inspección ambiental de todo tipo de emprendimientos. Esta

---

129 Carretero Peña, A. (2002). *Aspectos medioambientales. Identificación y evaluación.* Edición AENOR – España.

posibilidad de emplear auditores externos para apoyar las tareas de control ambiental no es solo un asunto de eficiencia y racionalización de recursos, sino que es esencial para priorizar la prevención de la contaminación sobre el control ambiental, priorizar la gestión de las actividades sobre la mitigación de los impactos.

¿No sería razonable que estos organismos participaran activamente en la tarea de control ambiental transformando esta actividad en un proceso voluntario, exhaustivo y altamente especializado? Cabe destacar que este tipo de inspecciones realizadas por organismos de certificación implican un valor para las industrias, que reciben certificaciones de reconocimiento internacional y contribuyen a posicionar sus productos y servicios. Los controles voluntarios y el autocontrol desarrollado en el marco de los Sistemas de Gestión Ambiental, en el mediano plazo muestran mejores resultados que los controles externos y obligatorios.

En ese contexto, la tarea de las autoridades ambientales locales debe ser la planificación, coordinación y validación del seguimiento al desempeño ambiental de las organizaciones, pero no pretender ejecutar ella todos los controles. El mejor control ambiental es el autocontrol consciente, el mejor cuerpo inspectivo del que puede disponer el Estado son los equipos de auditores ambientales de los organismos certificadores y el mejor incentivo para que las organizaciones cooperen en los procesos de control ambiental son las certificaciones ambientales (del tipo ISO 14001). Es decir, la integración de distintos actores locales públicos y privados puede abarcar la complejidad de estos sistemas y permitir una evaluación y una gestión ambiental más adecuadas.

LOS CONFLICTOS AMBIENTALES, ¿SERÁN AMBIENTALES?

Ha habido conflictos que involucran al ambiente desde que el hombre comenzó a explotar los recursos naturales, desde que dominaron el fuego los hombres primitivos comenzaron a pelearse por su control: conflictos entre el hombre y el ambiente y conflictos entre hombres por acceder a los recursos del ambiente. Pero en este marco de crisis de legitimidad de las principales herramientas de evaluación y gestión ambiental, en las últimas décadas los conflictos ambientales se han hecho más visibles y mediáticos, más beligerantes e irreconciliables, más globales.

Es cierto que la relación del hombre con su entorno es una relación conflictiva por naturaleza, pero en los últimos 30 o 40 años los conflictos ocupan más espacio en los medios de comunicación y son temas relevantes en las agendas gubernamentales. Si bien el incremento de esta conflictividad tiene que ver con una mayor conciencia de protección ambiental en los actores sociales, con una cobertura más exhaustiva y mayor acceso por parte de los medios de comunicación, y también con una aceleración en la extracción de los recursos naturales entre otras causas, en muchos casos cabe preguntarse: ¿se trata de conflictos ambientales o de conflictos políticos y económicos, en los que las partes esgrimen la protección ambiental como justificación o argumento?

Para responder a esta pregunta se debe comenzar por precisar algunos conceptos. Habitualmente se habla de conflictos ambientales cuando en realidad se quiere hacer referencia a conflictos sociales o, en el mejor de los casos, a conflictos socioambientales (conflicto entre actores sociales por el control de los recursos naturales).

Esta diferencia de conceptos no es menor. Estrictamente se puede decir que existe un conflicto ambiental cuando la vinculación del hombre con el ambiente es conflictiva. Es decir que los usos, extracciones, emisiones u otras modificaciones del ambiente por parte del hombre lo degraden o pongan en riesgo. Aquí las dos partes en conflicto son el hombre y el Ambiente, y la esencia del conflicto es el deterioro provocado por las emisiones y los consumos. Mientras que en un conflicto socioambiental las partes en conflicto son dos o más actores sociales y el ambiente es el objeto en disputa, no una de las partes en conflicto.

En resumen: los conflictos ambientales están definidos por la contradicción hombre vs. ambiente, mientras que los conflictos socioambientales están definidos por la contradicción hombre vs. hombre teniendo al ambiente como elemento en disputa. La discusión respecto a si debemos hablar de *conflictos ambientales* o de *conflictos socioambientales* no es una tontería, ya que desentrañar la esencia de la contradicción es imprescindible para la gestión de los conflictos.

LA PUGNA POR LOS RECURSOS

Hemos dicho que existe un conflicto socioambiental cuando dos o más actores (comunidad local, empresas privadas o públicas, gobiernos, entre otros) tienen intereses u objetivos aparentemente incompatibles respecto al uso del ambiente y los recursos naturales. Aunque esta definición parece muy sencilla, en la práctica es muy frecuente que conflictos políticos, sociales o económicos se manifiesten en forma de disputas por temas ambientales, pero sin que la base del conflicto sea realmente ambiental.

Más aún, es frecuente que una de las partes aparezca como denunciante de un conflicto ambiental, es decir que denuncia que otro hace un uso irracional de los recursos naturales, cuando en realidad el denunciante es una de las partes en conflicto, que se siente invadida o relegada en sus derechos de uso del ambiente. Siempre es un buen argumento la protección ambiental para afirmar nuestra posición, el que se oponga quedará del lado de los malos y acusar al otro de contaminador ya nos posiciona automáticamente del lado de los buenos, de las víctimas. Si una de las partes en conflicto sustenta su posición en la defensa del medio ambiente captará más adhesiones que una que directamente reclame su derecho a acceder a servicios o bienes ambientales. De esta forma se va estructurando un conflicto sobre discursos falsos, lo que aleja su solución.

Para el diseño de estrategias de gestión de conflictos, es fundamental desentrañar la esencia del conflicto y establecer si se trata de un conflicto por los usos del ambiente y los recursos naturales o se trata de otro tipo de disputa. Usualmente los conflictos socioambientales no son situaciones aisladas sino que son parte de un contexto de tensión y conflictividad en otros planos, pero su aparición (tanto nacional como internacional) requiere algún disparador, como la agudización del deterioro ambiental, o una mayor vigilancia y alerta social, o la irritación ante la falta de las respuestas esperadas por parte de las autoridades, entre otros.

Como hemos visto, la percepción sobre riesgos e impactos ambientales se construye y en ocasiones se aleja de la realidad, por lo que los grupos de personas pueden ser desinformados y engañados por actores locales y globales que respondan a intereses distintos de los de la comunidad. Pero éstos son problemas accesorios. Ahora estamos suponiendo que existe un conflicto legítimo y que su esencia es ambiental. Al gestionar un conflicto socioambiental se debe desentrañar específicamente cuáles son los intereses en disputa.

En la mayoría de los casos los conflictos socioambientales son una etapa tardía de los conflictos ambientales, producto de no haber gestionado tempranamente las emisiones y los consumos que provocarían deterioros ambientales. En una primera etapa estrictamente ambiental existe una conflictividad social potencial. Aunque aún no se han manifestado las partes en conflicto, incluso aunque aún no existan esas partes, si los recursos naturales son limitados, o su explotación implicará modificaciones de condiciones preexistentes o riesgos ambientales, de forma potencial existirá un conflicto socioambiental.

Lo deseable es que los conflictos socioambientales se diriman en el campo del derecho, con bases en las ciencias ambientales y con el más amplio respaldo social. Sin embargo esto no es siempre posible, por eso se han ido desarrollando mecanismos alternativos de resolución de conflictos (MARC), que se basan en herramientas como la negociación, mediación y conciliación (y más recientemente se han incorporado la gestión participativa de conflictos y el derecho consuetudinario).

Las estrategias más exitosas de gestión de conflictos socioambientales se basan en la participación ciudadana, que puede ir en ascenso desde la participación apenas informativa, la participación consultiva, la participación gestionaria, hasta la habilitación y control social como grado máximo de implicación de la comunidad en la gestión ambiental.

Los conflictos socioambientales (varios actores en disputa por el ambiente) tienen dos formas posibles: la primera, en que las dos partes compiten por el uso de un recurso natural; la segunda, en que una de las partes provoca un impacto sobre el ambiente y la otra es afectada.

Sin embargo, algunos investigadores consideran que solo existe la primera, que siempre los conflictos socioambientales se deben a la competencia por recursos y que el reclamo por impactos ambientales no es más que una manifestación específica de este principio.

Ya que en los conflictos ambientales las partes en disputa son el hombre y el ambiente (a diferencia de los conflictos socioambientales), para definir un conflicto ambiental es necesario identificar y evaluar las emisiones y consumos que provocan impactos o riesgos ambientales. Actuando en este nivel, el conflicto se puede prevenir, pero de no gestionarse las emisiones y los consumos, tarde o temprano se manifestarán los actores sociales y se transformará en un conflicto socioambiental. A estas alturas ya no es posible la prevención y se deberá gestionar un conflicto explícito con características políticas, económicas y sociales, en el que lo estrictamente ambiental pasará a un segundo plano.

Es decir que los conflictos ambientales son una etapa temprana en que la disputa por el ambiente es potencial y se puede prevenir; mientras que los conflictos socioambientales o conflictos sociales por causas ambientales son una etapa tardía del conflicto, cuando las partes se han manifestado y la prevención ya no es posible, por lo que usualmente se debe apelar a las medidas alternativas de resolución de conflictos. En los conflictos que aún son ambientales, las herramientas técnico-científicas y legales enfocadas a la prevención de la contaminación, mediante la gestión de los procesos productivos, el control de las emisiones al ambiente y los consumos de recursos naturales, tienen un rol central. Mientras que cuando el conflicto se torna socioambiental aparecerán otras dimensiones del problema (ideologías, intereses políticos) que lo harán inabordable desde la gestión ambiental y se deberán priorizar herramientas alternativas como la mediación y la negociación.

En la medida en que un conflicto ambiental no se gestiona se profundiza, por lo que la del avestruz nunca es una buena táctica en la gestión de conflictos ambientales. Hacer de cuenta que no existe lo hará crecer, hará más posible la violencia y el distanciamiento entre las partes beligerantes. La incorporación de actores exógenos, la fabricación de miedos y la manipulación de los actores locales son características de conflictos socioambientales que no han sido atendidos. Los conflictos ambientales ocurren en un lugar específico y objetivo, por lo que su gestión preventiva se realiza a nivel local, se puede acotar y geo-referenciar, la gestión de las emisiones y los consumos (causas de los impactos) se realiza en el lugar donde ocurren. Mientras que cuando se desata un conflicto socioambiental deja de ser objetivo, se desarrolla en la sociedad y no en el territorio, adquiriendo niveles de complejidad cada vez mayores.

Veamos dos ejemplos muy gráficos. El primero, el caso de la bahía de Minamata de principios del siglo pasado, en el que un conflicto ambiental mal gestionado evoluciona hacia un conflicto socioambiental; y en segundo lugar, el diferendo binacional que está ocurriendo en la actualidad entre Argentina y Uruguay por la instalación de fábricas de pasta de celulosa, en el que la preservación ambiental aparece como un argumento en un conflicto de otra índole.

El análisis más o menos riguroso de los conflictos ambientales y socioambientales se inició en la década de 1950, a raíz del emblemático caso de la contaminación por mercurio en Minamata. A principios del siglo XX, la industria petroquímica Chisso, instalada en una aldea de pescadores en las cercanías de la bahía de Minamata en Japón, vertía como desecho líquido mercurio puro a las aguas de la bahía. En ese entonces no se había probado ningún efecto tóxico del mercurio puro (en los niveles vertidos por Chisso), así que los vertidos no incumplían ningún estándar y no eran especialmente controlados. Pero el mercurio puro sí afectaba a una especie de bacteria que vivía en las aguas de la bahía, que como parte de una mutación adaptativa comenzó a convertir el mercurio puro que le resultaba nocivo en metil-mercurio, que le era inocuo.

Sin embargo, este nuevo producto (de síntesis natural), el metil-mercurio, es altamente peligroso para otras formas de vida, contribuye a la disolución de las grasas (en las que además se bio-acumula), y el sistema nervioso y el cerebro de los animales vertebrados está compuesto de tejidos grasos. Así que los vertidos de mercurio rápidamente comenzaron a provocar problemas neurológicos en los peces de la bahía, y luego vinieron las mortandades de gatos que se alimentaban de restos de pescado. Y no demoraron en aparecer los efectos terribles sobre los habitantes de la bahía de Minamata (su dieta se basaba en consumo de pescado): comenzaba con sensación de hormigueo en el cuerpo, debilidad muscular y pérdida de equilibrio, hasta la incapacidad motora casi total, pérdida del habla y de la audición y, por último, pérdida de la razón y la muerte. Esta contaminación por metil-mercurio se conoce como enfermedad de Minamata.[130]

---

[130] National Institute for Minamata Disease. Ministry of de Environment Japan. http://www.nimd.go.jp/english/

A fines de los años cincuenta se habían vertido más de 80 toneladas de mercurio a la bahía, habían sido envenenadas miles de personas y se conocía perfectamente la relación de causalidad entre los vertidos de mercurio y el envenenamiento de los seres humanos, pero la fábrica siguió operando por más de 15 años. Y 40 años después, los tribunales en Japón seguían discutiendo las compensaciones a la población local. La enfermedad de Minamata se convirtió en un conflicto socioambiental emblemático y fue caso de estudio de distintas disciplinas, desde la eco-toxicología hasta la legislación ambiental. Fueron múltiples los aprendizajes que dejó este dramático caso.

De acuerdo con las dos formas mencionadas que puede adoptar un conflicto socioambiental, la enfermedad de Minamata se puede formular como la disputa entre una organización que provoca un impacto ambiental (contaminación por mercurio) y una comunidad que se ve severamente afectada por ese impacto (envenenamiento de la población), pero también se puede formular como la disputa entre ambos por el uso de un ecosistema (la bahía de Minamata), y ambas formulaciones son correctas. Cuando el conflicto de Minamata era aún un conflicto estrictamente ambiental se podía prevenir, era posible (aún en esos años) recuperar el mercurio en origen antes de que llegara al efluente y se podía depurar ese efluente en plantas de tratamiento para evitar que el mercurio llegara a la bahía.

Al provocarse el daño sobre el ecosistema, cuando comenzaron a morir los peces (base de la economía y la dieta local), el conflicto dejó de ser ambiental y pasó a ser socioambiental, ya que se estaba afectando la base la economía local, una de las partes afectaba un recurso y a la otra. Ya no se podía prevenir, pero aún era posible controlarlo. Dejar de verter el efluente de inmediato, desarrollar programas de acuicultura y repoblamiento de peces, controlar la calidad del agua y de las capturas, eran algunas de las costosas y complejas medidas que todavía se podían instrumentar una vez que ocurrió el impacto ambiental. Pero cuando se envenenaron y murieron cientos, tal vez miles de personas, ya no fue posible controlar el conflicto. Se intentaron medidas para remediar los impactos provocados, pero era tarde. Las medidas de remediación ambiental fueron ineficientes y el conflicto se tornó legal a través de los reclamos de la comunidad para obtener compensaciones e indemnizaciones por el daño irreversible sufrido. Esta lucha en los tribunales de Japón y en decenas de foros internacionales llevó más de 40 años y jamás dejó conformes a todos los damnificados.

Aquí surge el principio más importante de la gestión ambiental moderna: para abordar problemas ambientales las intervenciones serán más eficientes cuanto más tempranas sean; o dicho de otra forma, «más vale prevenir que lamentar».

A partir de estos aprendizajes de Minamata, el tratamiento y la sistematización de experiencias han sido muy variados. En la década de 1990, la implantación de modelos económicos neoliberales que abrieron las economías locales a formas inéditas de explotación de los recursos naturales, marcó el inicio de gran cantidad de conflictos ambientales en América Latina. Países como México o Chile han aprendido de estas experiencias y han sistematizado la gestión de conflictos ambientales.

EJEMPLO 2
PLANTAS DE CELULOSA SOBRE EL RÍO URUGUAY

Como segundo ejemplo veamos un caso actual: el conflicto por la instalación de fábricas de pasta de celulosa para la industria del papel en la margen oriental del río Uruguay.

Desde hace varios años el puente internacional más importante sobre el río Uruguay, que «une» a Argentina y Uruguay, permanece cortado por un campamento permanente de ambientalistas de la ciudad argentina de Gualeguaychú que, con el aval de las autoridades de ese país, protesta por la instalación de fábricas de pasta de celulosa en la margen uruguaya del río.

Argentina y Uruguay son países hermanos, pero obviamente Argentina es el hermano mayor y Uruguay es el hermano menor, lo que en cierta forma condiciona las relaciones bilaterales. En el año 2002, Uruguay decidió promover la instalación de industrias de producción de pasta de celulosa para la fabricación de papel sobre la orilla del río compartido, sin el visto bueno de Argentina. Se trata de fábricas de última generación pero que arrastran las sombras de los impactos sobre el ambiente y la salud provocados por el blanqueo de celulosa con tecnologías antiguas durante décadas en muchos países.

Estas fábricas que durante muchos años generaron olores nauseabundos y vertieron efluentes que provocaron impactos severos sobre los cursos de agua han avanzado sustancialmente.

Las dos primeras en anunciar su desembarco en Uruguay fueron la española ENCE y la finlandesa BOTNIA.

Los ambientalistas desarrollaron una fuerte campaña de oposición a la instalación de ENCE basándose en los antecedentes de contaminación de las rías gallegas, provocada por su planta en Pontevedra. La planta de Pontevedra tiene medio siglo de instalada y una tecnología que en nada se parece a la que se utilizará en Uruguay; su homologación es un grave o malintencionado error. Pero esta campaña, sumada a una fuerte presión del gobierno argentino, surtió efecto. En 2008 las autoridades de ENCE mantuvieron una reunión en Buenos Aires con el presidente argentino y a la salida, desde la misma Casa Rosada, anunciaron en conferencia de prensa que la planta de ENCE sería relocalizada… Argentina había ganado una batalla en la lucha por las inversiones (y tenía como aliado a un movimiento ambientalista local).

Ahora iban por la segunda, la finlandesa BOTNIA. Pero este grupo es sustancialmente distinto al español, desde un punto de vista político empresarial e incluso cultural, por lo que siguió adelante con su cronograma de obras.

Los grupos ambientalistas rioplatenses comparan la planta de BOTNIA con otras instaladas incluso en Argentina (que son muy contaminantes) para demostrar lo nociva que será la de Uruguay para el ambiente y la calidad de vida de las poblaciones locales. Nuevamente es una comparación incorrecta (y a veces muy mal intencionada), ya que lo único que tienen en común es que producen celulosa, lo que ambientalmente no es relevante. Las tecnologías y el equipamiento asociado son totalmente distintos, hay más de medio siglo de desarrollo científico y tecnológico entre algunas de las instaladas en Argentina y la de Uruguay.

Es interesante el hecho de que las aguas cloacales de todas las ciudades de Argentina y Uruguay situadas a orillas del río son vertidas con poco o ningún tratamiento, lo que no provoca preocupación alguna al movimiento ambientalista. Pero el conflicto binacional sigue instalado y se centra en la planta de celulosa de BOTNIA, operativa en Uruguay desde hace pocos años, aunque es objeto de severos controles ambientales en los que está evidenciando un desempeño ambiental adecuado.

Pero la percepción del riesgo en una comunidad local se construye en base a los recuerdos e informaciones de accidentes e impactos pasados, manejados según intereses definidos, y no a una evaluación rigurosa de los riesgos reales. Si además existen grupos de interés (políticos locales, ONG ambientalistas multinacionales, corporaciones económicas) construyendo esa percepción del riesgo, manipulando información, la *heurística de la disponibilidad* da lugar a la *cascada de la disponibilidad* y las precauciones razonables dan lugar al terror y a comportamientos irracionales.

Los riesgos e impactos ambientales reales de cualquier industria en la actualidad están muy vinculados a la incorporación de las mejores tecnologías disponibles en los procesos productivos, ya que las regulaciones vigentes, sobre todo en la Unión Europea, han promovido el desarrollo de tecnologías limpias y seguras en la producción de pasta de celulosa. Sin embargo, la percepción del riesgo en este caso es independiente de la realidad.

Pues bien, Argentina cuenta con al menos media docena de plantas de producción de celulosa en la cuenca del río Uruguay (aguas arriba de las localidades en conflicto) que producen con tecnologías obsoletas, ambientalmente riesgosas, que jamás serían autorizadas en la Unión Europea. Esta situación de riesgo real es omitida en los hechos por los vecinos (más allá que se diga que es una lucha global contra todas las plantas de celulosa de la cuenca del río Uruguay), mientras que se les generan sinceros temores y angustia por las fábricas que se construyan en Uruguay con las mejores tecnologías disponibles (BAT) respetando todos los estándares ambientales de la Unión Europea: esto es construcción de la percepción del riesgo.

Los vecinos de la orilla argentina bloquean desde hace varios años los puentes que deberían unir a ambos países, como forma de presión para el cierre de la planta de BOTNIA. Obviamente el gobierno argentino apoya a los vecinos, respaldando en los hechos el corte de los puentes y acciones propagandísticas sobre el río. El conflicto binacional está instalado desde hace más de dos años y no solo se evidencia en relaciones diplomáticas tensas y puentes que deben unir a ambos países cortados en forma permanente, sino que ha sido llevado a la Corte Internacional de La Haya ante la total incapacidad de los países de resolver el diferendo.

Chile cuenta con varias plantas de celulosa, algunas de última generación y controles ambientales aceptables, otras no tanto. Una ubicada en Valdivia, en una reserva natural de gran diversidad biológica, fue noticia recientemente por haber provocado la muerte de una población de cisnes de cuello negro y otras aves acuáticas. Esto se debió a la desaparición del luchecillo (*Egeria densa*), una pequeña planta acuática que constituye la base de la alimentación de estas aves, a causa de los efluentes de la fábrica. La mortandad de cisnes ocasionó que la planta industrial estuviera clausurada durante algún tiempo y provocó un escándalo internacional respecto a la capacidad de control de las autoridades ambientales chilenas.

Argentina cuenta con varias plantas de celulosa de distintos grupos nacionales y transnacionales, con distintas tecnologías y escasos controles ambientales. Algunas de esas industrias han generado daños severos al ambiente y la salud en la región del río Paraná o en la misma provincia de Buenos Aires.

Brasil cuenta con gran cantidad de plantas de celulosa con tecnologías diversas, instaladas en ecosistemas de muy variada fragilidad. Desde plantas pequeñas hasta la más grande del mundo (como no podía ser de otra manera).

Uruguay era el único país del cono sur de América que hasta hace pocos años no poseía ninguna planta de producción de pasta de celulosa, y a diferencia de sus vecinos ingresará a este selecto grupo con la tecnología ambientalmente más segura; sin embargo y desafiando el sentido común, las acusaciones recaen sobre este país.

Los intereses detrás de este conflicto binacional son múltiples y probablemente muchos son atendibles:

- ▸ El gobierno nacional de Uruguay necesita y promueve que las plantas de producción de celulosa se instalen lo antes posible, al punto de que su promoción despierta sospechas en los ambientalistas respecto al rigor de los controles que se ejercerán. Para un país pequeño como Uruguay es imperioso que este tipo de inversiones desembarquen y contribuyan a mitigar la dependencia de la monoproducción ganadera, que ya no permite satisfacer las demandas y necesidades de la población (en Uruguay hay al menos tres vacas por habitante). Desde hace más de 20 años los distintos gobiernos de Uruguay vienen impulsando una política forestal que ya se ha convertido en una verdadera política de Estado y que comprende desde exoneraciones impositivas, otorgamiento de zonas francas, construcción de carreteras y nuevos puertos, instalación de plantas de chipeado, formación de recursos humanos a nivel terciario y modernización logística, entre otras acciones.
- ▸ Varias ONG ambientalistas, autodeclaradas representantes de la sociedad civil de ambos países, se opusieron a la ins-

talación y ahora se oponen a la operación de la fábrica, por considerarla el icono más perverso de un modelo forestal de monocultivo y extranjerización de la tierra, que tiende a agotar los recursos del suelo exportando ganancias y empobreciendo al país. Como pata local, el movimiento ambientalista multinacional cuenta con ONG criollas de ambas márgenes, que cuestionan la capacidad de control y eventualmente sanción de un gobierno pequeño y necesitado de las inversiones. Las ONG argumentan que el gobierno uruguayo no tiene capacidad de control ante megaproyectos de inversión propiedad de empresas más poderosas que el propio gobierno (nuevamente el mensaje que llega desde el primer mundo es «no se industrialicen que es muy peligroso»). Además, argumentan que los olores generados por la producción de pulpa de celulosa terminarán con el turismo de la zona por lo que los perjuicios económicos serán mayores que los beneficios. A eso suman los riesgos de contaminación del agua y el aire, con consecuencias directas sobre la salud de la población.

- El gobierno argentino (nacional y de la provincia de Entre Ríos) se opone de manera decidida y muy activa a la instalación y operación de las fábricas en Uruguay, argumentando que el río Uruguay es un curso de agua compartido y la fábrica lo contaminará. Por otra parte, ese mismo gobierno promueve la instalación de plantas de celulosa en Argentina, lo que según las autoridades uruguayas le quita legitimidad al reclamo. El gobierno de Entre Ríos ha hecho importantes esfuerzos por captar estas inversiones para su provincia, pero no lo ha logrado por el alto riesgo para las inversiones que significan las políticas gubernamentales erráticas, la debilidad ante presiones de grupos locales, entre otras dificultades. Sin embargo, el anuncio de ENCE desde la Casa Rosada en Buenos Aires de su retirada de Uruguay fue un gran paso para lograr sus intereses.

- La empresa BOTNIA defiende su instalación con el hecho de que en su país de origen cuentan con plantas similares a las que instaló en Uruguay, las cuales funcionan muy bien, sin eventos de contaminación, sometidas a severos controles ambientales y sin reclamos de las comunidades locales. Finlandia es el país con mayor índice de sustentabilidad ambiental en el mundo.[131] Argumentan, además, como motivo para desembarcar en Suramérica que la promoción del desarrollo forestal en Argentina, Chile y Uruguay hace que la materia prima para la producción de celulosa se encuentre en esa región. Una constatación reciente ha sido que la política de tercerización excesiva llevada adelante por esta empresa hace que en ocasiones pierda el control de los procesos de los que es responsable, aumentando el riesgo de accidentes para las personas y el ambiente.

- Por último, los olvidados de siempre: las comunidades locales. Los vecinos de las localidades donde se instaló la planta de celulosa de BOTNIA esperan ansiosos la instalación de otras industrias que mitiguen el desempleo crónico que obliga a sus hijos a emigrar, mientras que los vecinos de la margen argentina ven como se levantan las fábricas caracterizadas por el mal olor (¡aunque aún no lo han experimentado nunca!) y la contaminación en medio de su entorno natural. Una encuesta independiente muestra que más del 80% de los vecinos del lado uruguayo apoyan la instalación de estas fábricas mientras que más del 80% de los vecinos del lado argentino la rechazan. Sin embargo las dos percepciones pueden tener mucho de cierto, ambas posturas locales (antagónicas) posiblemente sean legítimas. Las expectativas de

---

[131] Finlandia siempre se ubica entre los primeros cinco puestos en el Índice de Sustentabilidad Ambiental, que incluye 146 países y es elaborado por científicos de las Universidades de Yale y Columbia. Otros líderes en los 5 primeros puestos han sido Noruega, Uruguay, Suecia e Islandia. http://es.wikipedia.org/wiki/%C3%8Dndice_de_Desempe%C3%B1o_Ambiental#cite_note-2

ambas comunidades se basan en elementos ciertos y otros no tanto. Los vecinos de Uruguay tienen razón, las plantas de producción de celulosa podrán generar nuevos empleos, sobre todo en la etapa de construcción, lo cual abona la ilusión de reducción del desempleo y sus consecuencias. Los vecinos de Argentina también tienen razón, pues aunque se trate de la mejor tecnología disponible los antecedentes justifican sus temores y la sola presencia de esas inmensas chimeneas en un ambiente hasta entonces natural ya constituye un impacto sobre el paisaje.

El conflicto por la construcción y operación de estas fábricas responde perfectamente a los mecanismos de construcción de la percepción del riesgo que describimos antes: un recuerdo, una imagen impactante, una información gráfica fácilmente disponible determina en cada persona un primer juicio rápido pero muy sólido. Por ejemplo, el mal olor de Pontevedra y la contaminación de las rías gallegas provocada por ENCE, la muerte de cisnes de cuello negro en Valdivia provocada por CELCO, son imágenes fácilmente disponibles y poco importa si se ajustan a este caso; luego se hará cuesta arriba explicar que estas tecnologías son distintas, más seguras, etc.

Así funciona la heurística de la disponibilidad. Ese primer juicio es tomado por medios de comunicación que saben que será una noticia más jugosa la muerte por envenenamiento que el acceso de tecnologías limpias en la industria de la celulosa. Políticos locales encontrarán una causa fácil e incuestionable para renovar su maltrecho liderazgo, como la protección ambiental contra las empresas transnacionales. Y se produce un efecto de cascada sobre esa heurística de la disponibilidad, y por fin los vecinos que originalmente no percibían riesgos ambientales comienzan a dudar: «si mis amigos, los medios y los gobernantes me alertan sobre estos riesgos, seguramente hay de qué preocuparse». Cuando este proceso es además atizado por intereses económicos, por ejemplo el de dar la señal internacional de que una planta de producción de celulosa de ese lado del río, en el país más pequeño, es un conflicto seguro y simultáneamente invitarlas a instalarse en el país vecino, el conflicto adquiere una complejidad mucho mayor.

La pugna se recrudece y las posiciones son cada vez más irreconciliables: tal vez nunca en la historia de ambos países las relaciones fueron tan tensas, al grado de encontrarse actualmente a la espera del fallo del Tribunal Internacional de La Haya, por la incapacidad de resolverlo a nivel local. Y seguramente cuando este tribunal emita su veredicto comenzarán los reclamos económicos de una y otra parte.

Nuevamente, el papel del movimiento ambientalista regional no ha sido útil en la construcción de acuerdos, ya que sin un respaldo técnico-científico riguroso se enfrascó en esta pelea de sordos, transformándose en un actor que complica el conflicto en lugar de contribuir a resolverlo. Estos grupos hicieron pronósticos de contaminación, enfermedades y muertes que ocurrirían al poner en funcionamiento la planta de celulosa. Hoy, la fábrica está operativa y no ha ocurrido ningún desastre, el único muerto ha sido un motociclista que se estrelló contra un tráiler que obstruía la autopista binacional como resultado del bloqueo de puentes que llevan a cabo los ambientalistas. Pero lejos de una autocrítica, los grupos ambientalistas renuevan sus pronósticos y los dilatan un poco en el tiempo. Ya no hablan de la muerte inminente sino de efectos acumulativos que verán las futuras generaciones.

Y para profundizar el desplante al hermano mayor, en la actualidad Uruguay está negociando la instalación de al menos una segunda fábrica aún mayor que la primera (y varias más han manifestado su interés en invertir en esta pequeña nación del cono sur de América). Se trata de Stora Enso, el consorcio sueco-finlandés dueño de las plantas de celulosa más importantes de Europa. Todo indica que el conflicto en el río Uruguay continuará…

ETAPA TEMPRANA	ETAPA TARDÍA
CONFLICTO AMBIENTAL (Hombre vs. Ambiente)	CONFLICTO SOCIOAMBIENTAL (Hombre vs. hombre)
EJEMPLOS VINCULADOS AL AGUA	
Vertido de efluentes industriales o urbanos a cursos de agua, sin tratamiento previo.	Pérdida de salud de la población y pérdidas económicas debidas a la contaminación de cuerpos de agua en las ciudades (por ejemplo, Riachuelo en Buenos Aires, Guaire en Caracas).
Derrames de petróleo por buques o instalaciones en el mar.	Pérdidas económicas por reducción de pesquerías y contaminación de playas y océano (por ejemplo, Bahía de Guanabara, *Exxon Valdez, San Jorge, Prestige*).
EJEMPLOS VINCULADOS AL SUELO	
Mala gestión y disposición de residuos sólidos domiciliarios.	Enfermedades, mal olor y pérdida de calidad de vida por los vertederos de residuos sólidos en las ciudades (ejemplos en las capitales de toda América).
Remoción de cobertura vegetal y modificación geomorfológica para extracción aurífera, de áridos u otras actividades mineras en zonas ambientalmente sensibles.	Desplazamiento de comunidades locales y desaparición de cursos de agua por la explotación minera (por ejemplo, minas de oro en Los Andes de Chile-Argentina)
EJEMPLOS VINCULADOS AL AIRE	
Emisiones atmosféricas provocadas por fuentes fijas como chimeneas industriales y centrales térmicas.	Afectaciones a la salud y pérdidas económicas por el *smog* fotoquímico y lluvia ácida (por ejemplo, Santiago de Chile, San Pablo, Ciudad de México).
Emisiones atmosféricas provocadas por fuentes móviles, como el transporte colectivo y parque automotor urbano.	Afectaciones a la salud de la población y contribución al calentamiento global por gases de efecto invernadero.

LA GESTIÓN DE CONFLICTOS AMBIENTALES

Como dijimos, los conflictos ambientales (hombre vs. ambiente) están determinados por los consumos y las emisiones que el hombre hace al ambiente. En síntesis, la gestión de estas emisiones y estos consumos mediante herramientas científicas y tecnológicas disponibles es la base de la resolución de los conflictos verdaderamente ambientales.

Los conflictos socioambientales (hombre vs. hombre) se basan en la competencia por el acceso a los recursos limitados del ambiente. Estos conflictos entrañan aspectos económicos y subjetivos (culturales, ideológicos) que imposibilitan su abordaje mediante instrumentos convencionales de gestión ambiental. En ambos casos, se trate de conflictos ambientales o de conflictos socioambientales, es central la presencia del hombre y la aplicación de tecnologías sobre el ambiente y los recursos naturales.

No obstante, muchos de los conflictos que actualmente se presentan como ambientales son de naturaleza diferente (económicos, sociales, políticos, ideológicos) y los reclamos ambientales aparecen como un discurso muy efectivo para captar adhesiones.

En el cuadro de la página siguiente se presentan algunos ejemplos de conflictos ambientales y luego los conflictos socioambientales desencadenados por la falta de gestión ambiental adecuada y preventiva del problema. Comparando las dos columnas se puede comprender claramente la relación de causalidad existente entre los conflictos ambientales y los conflictos socioambientales.

Gestionar un conflicto ambiental implica gestionar las emisiones al ambiente, para lo que existen herramientas que hemos discutido en este capítulo, mientras que gestionar un conflicto socioambiental implica gestionar impactos ambientales que ya se produjeron, lo cual es al menos muy difícil y no cuenta con herramientas suficientes.

Si bien deben ser mejoradas conceptual y metodológicamente, las Evaluaciones de Impacto Ambiental y los Sistemas de Gestión

Ambiental son herramientas útiles para resolver conflictos ambientales; mientras que en los conflictos socioambientales las herramientas están más vinculadas a las decisiones políticas, jurídicas y a las compensaciones económicas. Para enfrentar este tipo de disputas, los actores involucrados (comunidades locales, gobiernos locales y nacionales, ONG, empresas, etc.) deben diseñar mecanismos de planificación participativa y de gestión que le permitan actuar con acierto ante situaciones de complejidad creciente. Estos mecanismos deben apuntar a prevenir los riesgos sobre el ambiente y la salud, y promover modos de producción y hábitos de consumo saludables.

Al inicio de este capítulo aclaramos que para gestionar un conflicto es imprescindible desentrañar su naturaleza y definir si se trata de un conflicto ambiental o de otra índole.

De los dos ejemplos desarrollados, se ve claramente que el caso de la bahía de Minamata es un conflicto ambiental (metil-mercurio en agua, contaminación y mortandad de peces) que por no gestionarse adecuadamente desemboca en un conflicto socioambiental y, por último, se transforma en un conflicto de otra naturaleza, donde lo que se persigue son indemnizaciones y no principalmente mejoras ambientales.

Mientras que en el conflicto de las plantas de producción de celulosa en el río Uruguay, la base ambiental no es relevante (más allá del discurso). El principal reclamo previo de los vecinos argentinos era el olor nauseabundo que emitiría la fábrica de BOTNIA al comenzar a operar, que haría irrespirable el aire, independientemente de que los modelos de dispersión de emisiones atmosféricas indicaban que era un gran error pensar que el olor atravesaría el río Uruguay, recorrería más de 25 kilómetros y llegaría a la ciudad de Gualeguaychú. En momentos de escribir estas líneas la fábrica está operando desde hace varios años y a la ciudad de Gualeguaychú no llega ningún olor de la fábrica instalada en Uruguay. Ese reclamo fue archivado (sin ningún tipo de autocrítica) y hoy se denuncian los impactos acumulativos, que (convenientemente) recién se podrán evaluar dentro de varias décadas.

En realidad los argumentos más fuertes contra estos emprendimientos tienen que ver con la concentración y extranjerización de la tierra, con el cuestionamiento al modelo de desarrollo forestal en base a monocultivos, con consecuencias negativas sobre la producción nacional y las condiciones de dependencia por el otorgamiento de zonas francas, con los riesgos para la soberanía alimentaria de la población local (por la presión que estos monocultivos silvícolas ejercen sobre las tierras fértiles, al competir con la producción de alimentos). Todos estos argumentos son atendibles, e incluso la competencia por captar estas inversiones es un argumento, pero la preservación ambiental ante inminentes eventos de contaminación por parte de estos emprendimientos no parece tener bases sólidas, al margen de que como cualquier industria tendrá altibajos en su desempeño ambiental y habrá problemas que gestionar.

Esta diferencia en la caracterización de la naturaleza del conflicto no es menor. En el caso de la bahía de Minamata, la comunidad local triunfó sobre la empresa en esa desigual y dolorosa batalla en que murieron personas y se contaminó el ambiente, porque el reclamo local se basaba en un diagnóstico acertado, científicamente fundamentado y con respaldo jurídico, por lo tanto fue escuchado. Mientras que en el caso de las plantas de producción de celulosa se estructuró un conflicto sobre una base equivocada: se realiza un reclamo ambiental cuando el verdadero diferendo es de otra índole, lo que dificulta mucho el éxito de la comunidad local de Gualeguaychú.

La dificultad para dar respuesta a la nueva y compleja realidad por parte de las EIA y los SGA tradicionales, sumado a una marcada desproporción entre los esfuerzos científicos, tecnológicos y económicos destinados a aumentar las capacidades de explotación de los recursos naturales respecto a los esfuerzos destinados a su preservación, un movimiento ambientalista que necesita conflictos para justificar su acción, y potenciado por una mayor y sesgada cobertura de los medios de comunicación, son algunas de las causas principales de que los conflictos ambientales vayan en aumento.

Un abordaje poco riguroso de los conflictos ambientales tiende a transformarlos en conflictos sociales, cada vez con más peso de componentes subjetivos y menos peso de componentes científicos. Hemos llegado a ver plebiscitos de vecinos para decidir si determinado emprendimiento contamina el ambiente, con total prescindencia de estudios científicos disponibles, realizados por expertos. Una decisión popular (con todo el valor que tiene en otros planos) no puede torcer una verdad científica. Imaginemos una asamblea de pacientes de un hospital que decide por amplia mayoría que los análisis de sangre o la resonancia magnética están mal y que por lo tanto no hay que hacer caso al tratamiento indicado por el médico especialista. Una razonabilidad similar tiene definir impactos y riesgos ambientales en base a instancias de consulta popular.

Pero ¿por qué parece caricaturesco desconocer el diagnóstico de las ciencias médicas y con frecuencia vemos como algo aceptable que distintos actores sociales desconozcan los diagnósticos de las ciencias ambientales? En primera instancia porque las herramientas de gestión más importantes de las ciencias ambientales no han dado las respuestas necesarias, no han estado a la altura de los complejos desafíos que tienen por delante. También porque en ocasiones las ciencias ambientales se han volcado excesivamente en defensa de determinados intereses (de empresas, de comunidades locales, de ONG, entre otros), perdiendo independencia e introduciendo un sesgo peligroso a la evaluación y gestión ambiental.

El desafío de la gestión ambiental actual consiste en poder integrar un enfoque científico, cartesiano, que permita la desagregación para una rápida evaluación y gestión de los problemas, con un enfoque holístico que permita el estudio y la reflexión de los sistemas complejos. Las perspectivas de este enfoque integrador son buenas; la mayor dificultad para gestionar sistemas ambientales complejos consiste en la multiplicidad de relaciones no lineales entre componentes del sistema y en sus propiedades emergentes. Por lo tanto, debemos intentar simplificar lo más posible el problema para concentrarnos luego en aquellos componentes que no pueden ser desagregados.

En otras palabras, ocuparnos rápidamente de todas las emisiones al ambiente sencillas (con relaciones de causalidad directas sobre el ambiente), fáciles de evaluar y de gestionar, para facilitar luego el abordaje del núcleo verdaderamente complejo del sistema. La forma de reducir la complejidad de los sistemas ambientales consiste en evaluar y gestionar todas las emisiones al ambiente que sea posible para estudiar luego aquellas relaciones no lineales que condicionan la complejidad del sistema, con una mirada más holística.

Las herramientas para el estudio y gestión de sistemas ambientales complejos son aún incipientes, por lo que cualquier hallazgo en este campo se torna relevante. Tal vez el mayor desafío que enfrentan las ciencias ambientales sea abandonar el narcisismo y equilibrar el relacionamiento del hombre con su entorno: que aun manteniéndolo en el centro de la escena, se defina en función de sus relaciones ecológicas. Además del enfoque científico tradicional, el ambiente puede y en ocasiones requiere ser visto desde otro ángulo, lo que obliga a un cambio de actitud que probablemente debe anteceder al cambio de método. Hoy parece imprescindible que la evaluación ambiental integre los aspectos específicos a una visión holística, necesaria para evitar que efectos acumulativos indeseables, de decisiones pequeñas, sean causantes de grandes impactos ambientales.

Epílogo

Los planetas tienen un ciclo vital como el de un organismo vivo, nacen, se desarrollan, envejecen y mueren. Eso le pasará al planeta Tierra dentro de muchos millones de años, es indiscutible y no tenemos ninguna capacidad de modificar ese destino. Pero ese final llegará mucho tiempo después de que nuestra especie ya no exista, que naturalmente haya cumplido su ciclo y se haya extinguido.

Y es que nuestra desaparición también es una verdad científica obvia e indiscutible. Igual que el planeta, cada especie que lo habita tiene un ciclo de vida, aparece, evoluciona y por fin desaparece. Esto sin duda le ocurrirá al hombre, y pensar que nuestra especie logrará adaptarse indefinidamente es, desde un punto de vista darwiniano, un absurdo. Lo que estamos definiendo en la actualidad es si aceleramos ese proceso y nos vamos antes de tiempo (por suicidio) o la humanidad llevará una vida sana y llegará a vieja con salud (por muerte natural).

Pero nada de esto ocurrirá en los próximos milenios. Más del 99% de las especies que alguna vez poblaron la Tierra ya no existen. Existen otras, así funciona la evolución. El pesimismo y las profecías apocalípticas respecto al medio ambiente en ocasiones son una reacción social ante esta constatación, que en determinados actores globales con fuertes cargas religiosas obliga a buscar culpables de tan injusto destino y a intentar torcer el rumbo de la naturaleza.

Seguramente pasada esta etapa de desconcierto, en la que conviven profetas anunciando el Apocalipsis ambiental, con dementes desplegando sus ejércitos por el planeta y el despilfarro de recursos naturales no renovables, llegará una etapa de mayor madurez de nuestra especie. Hay indicios de ello. Hasta entonces, una tarea útil y tal vez nuestra mayor responsabilidad es seguir construyendo y perfeccionando las herramientas de evaluación y gestión ambiental para contribuir a que nuestra vinculación con el entorno sea más armónica y natural. Una intensa actividad de evaluación y gestión ambiental en diferentes sectores de la economía, una legislación en permanente evolución, con estándares cada vez más exigentes y una ciudadanía cada vez más alerta respecto al desempeño ambiental de las organizaciones públicas y privadas, evidencian que vamos por el buen camino.

Hay buenas razones para ser optimistas. En primer lugar, porque siempre la mejor forma de enfrentar las cosas es con optimismo. En segundo lugar, porque conocemos el principio y el fin como datos de la realidad: no tenemos por qué vivir con la angustia de un final inminente ni con la agonía de la inmortalidad, somos aún una especie joven que puede corregir sus errores y vivir a plenitud su pasaje por el planeta. Y en tercer lugar podemos ser optimistas porque los problemas ambientales que tenemos delante son importantes pero distan mucho de las catástrofes que a veces nos presentan: estamos lejos de un riesgo inminente de colapso de la vida en el planeta.

Pero en última instancia lo que estaría en riesgo sería la supervivencia de la especie humana y de algunas otras que arrastremos por el barranco, por ejemplo los piojos (*pediculus humanus*) y algunas cientos de especies de bacterias que dependen de nosotros y que se extinguirán si no estamos. Naturalmente nuestra especie debe desaparecer dentro de unos pocos millones de años, lo que está por verse es si logramos seguir hasta entonces o nos iremos antes de tiempo. Pero en ningún caso está amenazada la vida en el planeta, que seguramente continuará por 5.000 millones de años más, una vez que el último *Homo sapiens sapiens* se haya extinguido.

De hecho, es muy probable que al desaparecer los humanos, rápidamente desaparezca todo rastro de nuestro efímero pasaje por el planeta. La mayoría de nuestras modificaciones sobre la biosfera requieren de un suministro de energía antrópica permanente, al cortar ese suministro de energía todo volverá a su estado natural. Las ciudades requieren enormes esfuerzos de mantenimiento para sus redes de saneamiento, para sus edificios y parques, para sus calles y autopistas, para los metros, túneles y puentes. De no existir el mantenimiento permanente los edificios y cualquier construcción de hormigón se derrumbará (de inmediato, en tiempos evolutivos), transformándose en un irreconocible montón de escombros; solo algunas construcciones permanecerán unos pocos millones de años como testimonio de un experimento más de la Evolución.

Los parques que hoy operan como pulmones en el centro de las ciudades y como amortiguadores en su periferia, serán los viveros y criaderos para que la fauna y la flora recolonicen el territorio antropizado. Algo similar ocurrirá con las tierras dedicadas a la agricultura y la ganadería. Sin el suministro permanente de herbicidas, fertilizantes y de manejo altamente tecnificado, la mayoría de las especies exóticas cultivadas serán desplazadas rápidamente por la fauna y la flora nativa.

En algunos miles de años desaparecerán las especies fabricadas por el hombre para la agricultura, la evolución producirá microorganismos capaces de degradar el plástico y otros productos de síntesis, el CO_2 volverá a niveles previos a la aparición del *Homo sapiens* y se llegará a un nuevo equilibrio ambiental, sin nosotros, tal vez más sostenible. Por último, al quedar desiertas de gente las centrales nucleares no habrá quien asegure la refrigeración de los reactores (que se realiza mediante circulación activa de agua) y en poco tiempo el planeta experimentará cientos de Chernóbil. Pero incluso estos desastres nucleares más o menos simultáneos tendrán un impacto transitorio, el cáncer, las mutaciones y otros trastornos serán absorbidos por la naturaleza.[132]

---

[132] Weisman, A. *Op. cit.*

Estas predicciones, de sólida base científica, son retorcidas y mal usadas por el movimiento ambientalista para profetizar inminentes catástrofes ambientales. Un movimiento ambientalista global, liderado por algunas organizaciones ecologistas multinacionales (del estilo de Greenpeace) y con el concurso obediente de sucursales en el tercer mundo (ONG ambientalistas locales), que juega un papel muy activo de defensa de los intereses del primer mundo, y aunque aún cuenta con buena imagen pública, no realiza ningún aporte en la resolución de los verdaderos problemas ambientales que aquejan a los países pobres. Este movimiento ambientalista cuenta, como principal socio, con una enorme burocracia ambiental internacional, cuya máxima expresión está en los organismos de Naciones Unidas, con miles de funcionarios y consultores, que se repiten y retroalimentan en cientos de foros y congresos internacionales, girando sobre diagnósticos y planes vagos que no permiten diseñar acciones concretas en las comunidades locales.

Pero la autodestrucción no ocurrirá, la humanidad no está quieta ante los problemas ambientales que amenazan su éxito como especie. A medida que pasa el tiempo el desempeño ambiental tiende a mejorar en todos los planos de la actividad humana. Pensemos en ejemplos en cualquier campo y seguramente veremos que las cosas van mejorando: los productos de síntesis que directa o indirectamente llegan al ambiente son cada vez menos persistentes y menos tóxicos (plaguicidas, aceites de transformadores, etc.); la legislación ambiental tiende a ser cada vez más estricta y las industrias tienden a mejorar su desempeño ambiental; los derrames petroleros en el mar han descendido a la tercera parte en los últimos 25 años (con la excepción del ecocidio militar en el Golfo Pérsico); los vertidos a cuerpos de agua dulce son cada vez menos y éstos recuperan su calidad, entre muchos otros ejemplos.

Tal vez lo preocupante es que la percepción de la mayoría de la población sea la contraria, que los sentimientos dominantes al referirnos al ambiente sean el pesimismo, la angustia y la culpa, en lugar de un razonable y cauto optimismo. Tal vez sería conveniente que los grandes formadores de opinión revisaran el papel que están jugando en este sentido.

Desde que el hombre habita la Tierra su esperanza de vida no ha parado de aumentar, se ha más que duplicado desde los orígenes de la especie, y esto está estrechamente vinculado a que la calidad de vida de la población mundial tiende a mejorar: acceso a agua potable, a saneamiento, a educación, a sistemas de salud, a horas de descanso, entre otros indicadores. Sin desconocer las criminales desigualdades que aún persisten y se profundizan en algunas zonas del planeta, la exclusión de millones de personas y la concentración cada vez mayor de la riqueza, los números indican que las condiciones de vida de la humanidad tienden a mejorar en forma sostenida.

Pese a la percepción generalizada de un deterioro ambiental creciente, la realidad a lo largo de la segunda mitad del siglo pasado ha ido en la dirección contraria, y estos esfuerzos de saneamiento ambiental han ido contribuyendo a remediar ambientes contaminados, a mitigar impactos y a prevenir la contaminación. Es decir que en muchos planos desde el punto de vista ambiental estamos cada vez mejor, al revés de lo que mucha gente cree.

Mientras aún persiste (sobre todo en el tercer mundo) un movimiento ambientalista que persigue la utopía regresiva de volver a la naturaleza, sustentado en una especie de sincretismo mágico que se bandea entre el marxismo y los chamanes; que descubre la Verdad en peregrinaciones al Machu Pichu (sin percatarse de que esas ruinas son el mejor ejemplo de una sociedad insostenible, que sobreexplotó el ambiente y sus recursos hasta agotarlos), en algunos países comienzan a surgir y se fortalecen grupos ambientalistas modernos, pragmáticos, que evolucionan hacia la negociación y los acuerdos, hacia la conformación de verdaderos grupos de trabajo y se incorporan a los organismos de control ambiental de los gobiernos. Parece estar surgiendo un movimiento ambientalista democrático capaz de contribuir de forma efectiva a la solución de los problemas ambientales que verdaderamente aquejan al planeta.

Seguramente resolver esta contradicción entre la mejora de las condiciones de vida de la población mundial y el agotamiento de los recursos naturales sea el mayor desafío de la humanidad para el siglo que se inicia, y sin duda la solución no es tan sencilla como «volver a la naturaleza», naturaleza que, como hemos dicho, ya no existe. Cuando algunas organizaciones y personalidades reclaman eliminar el uso de agroquímicos, los monocultivos, las chimeneas industriales, la biotecnología y hasta las bolsitas de nylon, tienen la fantasía, la utopía regresiva, de que de esa forma se vivirá mejor. Tal vez no toman en cuenta que el combate al hambre, que incrementar la esperanza de vida, que masificar la educación, etc., dependen de esos productos tecnológicos y no de una contemplación romántica de la naturaleza.

En el mejor de los casos proponen formas artesanales y auto-gestionarias de desarrollo, que no soportan el más elemental balance de masas. Muchas de las herramientas propuestas son aplicables en contextos específicos en condiciones particulares y altamente subsidiados, pero se vuelven insostenibles cuando se las pretende extrapolar a una escala mayor y utilizarlas en el diseño de políticas y estrategias globales para abordar los grandes problemas de la humanidad.

Pero aquí también las señales son positivas. En muchos países existe una tendencia hacia la descentralización del ejercicio de gobierno, hacia el fortalecimiento de los municipios y las alcaldías, hacia la jerarquización de las asociaciones de vecinos. El ámbito es propicio para incorporar la dimensión ambiental a la discusión de base, a una discusión democrática que redundará en la consolidación de una conciencia de ciudadanía ambiental, que priorice la acción local, comunitaria, ciudadana, sobre los diagnósticos y recetas globales. Tal vez sea el inicio de un nuevo ambientalismo democrático, sin utopías regresivas ni mesianismos, sin profecías del desastre inminente que justifiquen su autoritarismo. Un ambientalismo participativo, comunitario, con respaldo científico y tolerancia hacia la disidencia. Entonces cada persona deberá ser un ambientalista.

Los problemas ambientales asociados a la globalización serán determinantes en el desenlace de este incremento de la calidad de vida, que podrá ser un proceso insostenible de agotamiento de recursos naturales y de contaminación o podrá ser un proceso de producción equilibrada y racionalización del consumo. La globalización es producto de un proceso histórico de la humanidad, es parte de la evolución histórica y cultural: no tiene sentido estar de acuerdo o en desacuerdo con la globalización. Lo que sí se puede corregir es el rumbo de esa globalización, los principios en que se sustenta. La globalización puede ser un proceso esencialmente solidario y cooperativo o un proceso excluyente e irracionalmente mercantil. Eso depende de nosotros.

POSDATA: EL DISCURSO DEL CALENTAMIENTO GLOBAL BAJA LA TEMPERATURA

Históricamente el escepticismo y la duda son las chispas que encienden el motor de los avances científicos, o deberían serlo. No obstante, como hemos visto a lo largo de este libro, ese mecanismo no está funcionando bien en los temas ambientales, en los que se asumen posiciones políticas a priori y se toman en cuenta sólo los datos que ratifican ese juicio previo. Donde a quienes duden del calentamiento global de origen antrópico, se les acusa de estar a sueldo de alguna oscura multinacional.

Cuando este consenso artificial que descalifica y penaliza la discrepancia se empezaba a poner tedioso, no sólo estalló el «Climagate» que dejó en evidencia la manipulación de modelos y datos por parte del IPCC[133], sino que cristalizaron una serie de investigaciones publicadas en revistas científicas de primer nivel por algunos de los climatólogos y físicos más prestigiosos del mundo, quienes presentan argumentos difíciles de rebatir respecto al carácter natural del calentamiento. Entre ellos, vale destacar las recientes publicaciones del astrofísico sueco Henrik

---

133 McIntyre S. (2009) «Yamal: A 'Divergence' Problem», http://www.climateaudit.org/?p=7168

Svensmark[134] en las que se demuestra la correlación entre la actividad solar y la temperatura en la troposfera, es decir, la incidencia de las radiaciones solares sobre los ciclos de calentamiento y enfriamiento atmósfericos. Tan contundentes han resultado sus conclusiones, que miembros del IPCC han flexibilizado su discurso mencionando que «el efecto Svensmark» tal vez explicaría parcialmente el calentamiento y complementaría el efecto del CO_2.

La tesis oficial todavía cuenta con el apoyo de la ONU, los gobiernos y todo el estamento mediático. La autocensura sigue siendo demasiado frecuente entre científicos, ONG ambientalistas y otros actores locales saben que de oponerse al «consenso» verán muy reducidas sus posibilidades de financiamiento. Mientras tanto, los gobiernos del mundo siguen firmes en su demencial decisión de invertir la mayor suma de dinero aportada colectivamente en la historia de la humanidad, para resolver un problema que tal vez no exista (la cantidad de dinero que costaría el protocolo de Kioto anualmente sólo a EE.UU., alcanzaría para resolver los problemas de agua, saneamiento y alimentación de todos los países del tercer mundo).

Aún sigue intacta una agenda ambiental global en base a un supuesto «consenso científico», esgrimiendo la urgencia de pasar a la acción, y repartiendo tareas entre los gobiernos que continúan felices bailando al ritmo del calentamiento global de origen antropogénico. El desafío sigue siendo alcanzar un discurso ambiental con un serio sustento científico, focalizado en las prioridades locales, y erradicar las manipulaciones emocionales generadas por los *mass media* y los grupos de interés involucrados.

---

[134] Svensmark H. *et al.* (2006), «Experimental evidence for the role of ions in particle nucleation under atmospheric conditions». Proc. R. Soc. A 2007 463, pp. 385-396. doi: 10.1098/rspa.2006.1773.

Bibliografía

Este libro representa la opinión personal del autor, tal vez refleja su experiencia, pero no pretende demostrar ninguna verdad científica, por lo tanto se prefirió no abundar en citas bibliográficas en el texto, que pudieran ser interpretadas como una demostración de la veracidad de las ideas expuestas. Solo se citaron algunas fuentes que pueden orientar al lector en la profundización de los temas discutidos. Todas las fuentes citadas, sean obras bibliográficas, artículos científicos o sitios en internet, están contenidas en el siguiente listado:

Agencia Internacional de Energía (2008), *World Energy Outloock*, AIE, París.

Arias Maldonado, M. (2008), *Sueño y mentira del ecologismo. Naturaleza, sociedad, democracia*, Editorial Siglo XXI, España.

Arnold, R. (1997), *Ecoterror: the violent agenda to save nature: the world of the Unabomber*, Bellevue, Washington, Free Enterprise Press, Merril Press.

Azcárate, B. y A. Mingorance (2008), *Energías e Impacto Ambiental*, Equipo SIRIUS, Colección Milenium, 2ª Edición, España.

Barreto, R. (2000), *Problemas ambientales globales*, Centro de investigaciones Ciudad, Ecuador, Programa PANA.

Borja, J. y M.Castells (1997), *Local y Global. La gestión de las ciudades en la era de la información*, Editorial Taurus.

Bovet, Ph. *et al.* (2008), *Atlas medioambiental de Le Monde diplomatique*, Colaboración de Greenpeace, Ediciones Cybermonde, España.

Bravo, E. (2007), *Encendiendo el debate sobre biocombustibles*, Ediciones Le Monde Diplomatique, Argentina.

Broswimmer, F.J. (2005), *Ecocidio. Breve historia de la extinción en masa de las especies*, Editorial Océano, España.

Campos Nieto, L. (2005), *Calor glacial*, Arcopress, España.

Canter Larry, W. (1998), *Manual de Evaluación de Impacto Ambiental: Técnicas para la elaboración de estudios de impacto*, Mc Graw Hill, 2ª edición, España.

Capalbo, L. (2008), *Desarrollo: del dominio material al dominio de las ilimitadas potencialidades humanas. El resignificado del subdesarrollo*, Ediciones Ciccus, Buenos Aires.

Carretero Peña, A. (2002), *Aspectos medioambientales. Identificación y evaluación*, Edición Aenor, España.

Carrizosa Umaña, J. (2001), *¿Qué es Ambientalismo? Respuestas desde una visión ambiental compleja*, PNUMA, CEREC, IDEA.

Carson, R. (2005), *Primavera silenciosa*, Editorial Crítica S.L., Biblioteca de Bolsillo (1ª Edición: 1962), España.

Catalán Castillo, B. (2007), *Revista Ozono*, http://www.revistaozono.cl/portal/index.php

Cavalcanti Buarque, R. (2000), Declaraciones del ex-ministro de Educación de Brasil en el encuentro del State of the World Forum, Nueva York.

Cerda, R. y C. Cúneo. (1998), *Atención Primaria Ambiental (APA)*, Organización Panamericana de la Salud, Div. de Salud y Ambiente Programa de Calidad Ambiental, Washington, D.C.

Chomsky, N. (2002), *Pirates and emperors, Old and New*, Londres, Pluto Press.

Clop i Gallart, M. (2000), *Sistemas de ayuda a la modelización de la producción en la empresa agraria*, Universitat de Lleida, Tesis Doctoral, Escola Técnica Superior D'Enginyeria Agrária, España.

Comisión Mundial del Medio Ambiente y del Desarrollo (1992), *Nuestro futuro común*, Alianza Editorial, 2ª Edición, España.

Contreras, M. (2009), «La Bella Unión de la caña y la gente», *Semanario Brecha*, 13 de marzo, Uruguay. http://www.brecha.com.uy/alter/index.php?option=com_content&task=view&id=671&Itemid=99

Da Silva, L. (2008), Declaraciones del Presidente de Brasil en la Cumbre Alimentaria de Naciones Unidas, Roma.

EREC - European Renewable Energy Council & Greenpeace (2007), *Energy revolution. A sustainable world energy outlook*. http://news.bbc.co.uk/nol/ shared/bsp/hi/pdfs/25_01_07_energy_revolution_report.pdf

Elizalde, A. (2008), *Ecología ética, epistemología y economía: relaciones difíciles pero necesarias. El resignificado del subdesarrollo*, Ediciones Ciccus, Buenos Aires.

Esteva, G. (2009), «Más allá del desarrollo: la buena vida», *Semanario VOCES*, 4 de junio, Año V, N° 212, pp. 13-15.

FAO - Organización de las Naciones Unidas para la Agricultura y la Alimentación (2006), *El estado de la inseguridad alimentaria en el mundo*, Roma.

FBI (2002), *The Threat of Eco-Terrorism. Testimony of James F. Jarboe, Domestic Terrorism Section Chief Before the House Resources Committee.*

Ferreira, E. (2005), *Ecología: Mitos y fraudes*, http://www.mitosyfraudes.org

Ferreira, E. (2008), *El fraude del ozono*, FAEC - Fundación Argentina de Ecología Científica, http://www.mitosyfraudes.org/Ozono.html

Ferrer, A. (1996), *Historia de la Globalización II*, Fondo de Cultura Económica, Argentina.

Freire, G. (2007), Entrevista realizada por *Diario do Nordeste*. http://diariodonordeste.globo.com/materia.asp?codigo=490399

Fresco, L. (2008), *Biomasa, alimentos y sostenibilidad ¿Existe un dilema?*, Editorial Taurus, España.

Gore, A. (2007), *Una verdad incómoda*, Editorial Gedisa, España.

Gore, A. (2007), *Una verdad incómoda* (video), http://www.an-inconvenient-truth.com

Gray, J. (2008), *Tecnología, progreso y el impacto humano sobre la tierra*, Editorial Katz, Barcelona.

Holden, C. (1990), «Spilled oil looks worse on TV», *Science* 250: 371.

Hutchinson, G. (1979), *El teatro ecológico y el drama evolutivo*, Blume, España.

Intergovernmental Panel on Climate Change - IPCC (1997), *Revised 1996 IPCC Guidelines for National Greenhouse Gas Inventories reporting Instructions.*

Intergovernmental Panel on Climate Change - IPCC (2007), *Cambio climático 2007: Informe de síntesis*, IPCC, Ginebra.

Klaus, V. (2007), Discurso pronunciado por el Presidente de República Checa Václav Klaus en Chatham House, Londres.

Landscheidt, Th. (1998), *Solar activity: A dominant factor in climate dynamics*, Schroeter Institute.

Latchinian, A. (2007). «Año de desafíos ambientales para Uruguay», *Suplemento Bitácora*, http://www.bitacora.com.uy/noticia_641_1.html

Latchinian, A. (2007), «La crisis terminal de las Evaluaciones de Impacto Ambiental», *Revista ALTUS*, año 2, Nº 1, Uruguay.

Lindzen, R.S. (2007), «Taking greenhouse warming seriously», *Energy & Environment*, 18, 937-950.

Lomborg, B. (2005), *El ecologista escéptico*, Editorial Espasa, España.

Lomborg, B. (2008), *En frío. La guía del ecologista escéptico para el cambio climático*. Editorial Espasa, España.

Lovelock, J. (2005), *Homenaje a Gaia*, Editorial Océano.

Lovelock, J. (2007), *La venganza de la Tierra. La teoría de Gaia y el futuro de la humanidad*, Editorial Planeta, España.

Masse, R. (2006), *¿Qué debemos temer de un accidente nuclear?*, Editorial Akal, España.

Matteucci, S. *et al* (1998), *Sistemas ambientales complejos: Herramientas de análisis espacial*, Editorial Eudeba, Argentina.

Max-Neef, M. (1994), *Desarrollo a escala humana*, Editorial Icaria, Barcelona.

McCarthy, T. (2001), «Why can't we be friends? A horrific attack raises old fears», *Time*, 30 de julio, p. 34.

McIntyre S. (2009) «Yamal: A 'Divergence' Problem», http://www.climateaudit.org/?p=7168

Miles Scott-Brown (2006), «De la EIA a la EAE y de vuelta: La tiranía de las decisiones pequeñas», ponencia realizada para el Seminario de expertos sobre la evaluación ambiental estratégica en Latinoamérica, en la formulación y gestión de políticas, Editorial Biblioteca Virtual de FODEPAL, Chile.

Molina, M.J. y F.S. Rowland (1974), «Stratospheric sink for chlorofluoromethanes: chlorine atomc-atalysed destruction of ozone,» *Nature* 249, 810-812.

Morin, E. (1992), *El paradigma perdido. Ensayo de bioantropología*, Editorial Kairos.

National Institute for Minamata Disease, Ministry of de Environment, Japan. http://www.nimd.go.jp/english/

NEPA (1986), *The National Environmental Policy Act of 1969*. http://www.nepa.gov/nepa/regs/nepa/nepaeqia.htm

Neves, S. (2009), «¿ALUR como paradigma del modelo productivo progresista?», *Semanario Brecha*, 13 de marzo, Uruguay. http://www.brecha.com.uy/alter/index.php?option=com_content&task=view&id=671&Itemid=99

Noticias.com (2002), «Salvemos al oso Panda de la extinción. Chengdu China».

http://www.noticias.com/articulo/09-01-2002/redaccion/salvemos-al-oso-panda-extincion-2naa.html

OCDE (2008), *Biofuel support policies: an economic assessment*, París.

Orduna, J. (2008), *Ecofascismo: Las internacionales ecologistas y las soberanías nacionales*, Editorial Planeta, Argentina.

Orwell, G. (1945), *La rebelión en la granja*, Editorial Destino, España.

Pichs, M. (2001), «Globalización y medio ambiente», Conferencia dictada en la III Convención Internacional sobre Medio Ambiente y Desarrollo, La Habana, Cuba.

PNUD (1997), *Informe sobre el Desarrollo Humano 1997*, publicado por el Programa de las Naciones Unidas para el Desarrollo, Nueva York.

PNUD (2007), *Informe sobre Desarrollo Humano 2007-2008. La lucha contra el cambio climático: Solidaridad frente a un mundo dividido*, publicado por el Programa de las Naciones Unidas para el Desarrollo.

Robinson, A. *et al.*, *Environmental Effects of Increased Atmospheric Carbon Dioxide*, Oregon Institute of Science and Medicine, 2251 Dick George Rd., Cave Junction, Oregon 97523 info@oism.org

Sanz Labrador, I. (2009), *Biocombustibles. Instrumento decisivo para el desarrollo sostenible*, Editorial Taurus, España.

Sartori, G. (1998), *Homo videns: La sociedad teledirigida*, Editorial Santillana, España.

Schauer, F. (2005), «La Categorización, en el mundo del derecho», *DOXA, Cuadernos de Filosofía del Derecho*, 28.

Schoijet, M. (2008), *Límites del crecimiento y cambio climático*, Siglo XXI Editores, México.

Singer, P. (1975), *Animal liberation*, Random House.

Smith, R.L y T.M. Smith (2001), *Ecología*, Editorial Addison Wesley.

Sunstein, C.R. (2006), *Riesgo y razón. Seguridad, ley y medioambiente*, Editorial Kats.

Svensmark H. *et al.* (2006), «Experimental evidence for the role of ions in particle nucleation under atmospheric conditions». Proc. R. Soc. A 2007 463, pp. 385-396. doi: 10.1098/rspa.2006.1773.

Swanson, S. (2001), «High-profile attacks feed shark fears, experts say», *The Chicago Tribune*, 5 de setiembre, pp 1, 20.

Tengs, T.O y J. Graham (1996), «The Opportunity Costs of Haphazard Social Investments in Life-Saving», en Robert W. Hahn (ed.), *Risks, Costs, and*

Lives Saved: Getting Better Results from Regulation, Nueva York y Oxford: Oxford University Press; Washington, DC: The AEI Press.

Tierramérica (2008), Notas de prensa sobre la Cumbre de la Tierra de Johannesburgo, 2002, http://www.tierramerica.net/riomas10/

Thompson, D. *et al.* (2008), «A large discontinuity in the mid-twentieth century in observed global-mean surface temperature», *Nature* 453, 646-649, 29 de mayo. http://www.nature.com/nature/journal/v453/n7195/full/nature06982.html

Toolis, K. (1998), «Los Ecoterroristas», *La Revista*, Suplemento de *El Mundo*, 27 de diciembre, España.

UNSCEAR - Comité Científico de las Naciones Unidas sobre los Efectos de la Radiación Atómica. (2000), *Sources and effects of ionizing radiation. Report to the General Assembly with scientific annexes.*

Velarde, G. (2007), «La energía nuclear, segura, limpia y barata para cumplir con Kyoto», *Papeles* N° 40, marzo, Fundación para el Análisis y los Estudios Sociales – FAES.

WAGTV, *La gran estafa del calentamiento global* (video). http://www.greatglobalwarmingswindle.com/

Ward, P.D. (1995), *The End of Evolution: A Journey in Search of Clues to the Third Mass Extinction Facing the planet Earth*, Bantam Books.

Weisman, A. (2008), *El mundo sin nosotros*, Debate, 1ª edición.

Whitmore, T.C. y J.A. Sayer (1992), *Tropical deforestation and species extinction*, Chapman and Hall, Londres.

Wilson, E.O. (1994), *La diversidad de la vida*, Editorial Crítica, Barcelona.

Wilson, E.O. (2006), *La creación. Salvemos la vida en la Tierra*, Editorial Katz.

Wright, J. (2005), «Tropical forests in a changing environment», *Trends of Ecology and Evolution*, v. 20, N° 10, pp. 553-560.

Zhen-Shan, L. y S. Xian (2007), «Multi-scale analysis of global temperature changes and trend of a drop in temperature in the next 20 years», *Meteorology and Atmospheric Physics* 95, pp.115-121.

Zoellick, R. (2008), Declaraciones del presidente del Banco Mundial durante la cumbre del G-8 en Hokkaido, Japón.